世界生物群落

Tropical Forest Biomes

热带森林生物群落

[美] Barbara A. Holzman 著

潘成博 译

张志明 总译审

包国章 专家译审

长春出版社

全国百佳图书出版单位

图书在版编目(CIP)数据

热带森林生物群落/(美)芭芭拉·A.霍兹曼(Barbara A.Holzman)著；

潘成博译. —长春：长春出版社，2014.6 (2017.6重印)

(世界生物群落)

ISBN 978-7-5445-2208-3

Ⅰ.①热… Ⅱ.①芭…②潘… Ⅲ.①热带林–林地–生物群落–青年读物②热带林–林地–生物群落–少年读物 Ⅳ.①Q151.1-49

中国版本图书馆 CIP 数据核字(2012)第 315295 号

热带森林生物群落

著　者：[美]Barbara A.Holzman		译　者：潘成博	
总 译 审：张志明		专家译审：包国章	
责任编辑：李春芳　王生团　江　鹰		封面设计：刘喜岩	

出版发行：長春出版社　　　　　　　　　　　总编室电话：0431-88563443
　　　　　发行部电话：0431-88561180　　　　邮购零售电话：0431-88561177

地　　址：吉林省长春市建设街 1377 号
邮　　编：130061
网　　址：www.cccbs.net
制　　版：荣辉图文
印　　刷：延边新华印刷有限公司
经　　销：新华书店

开　　本：787 毫米×1092 毫米　1/16
字　　数：203 千字
印　　张：15.75
版　　次：2014 年 6 月第 1 版
印　　次：2017 年 6 月第 2 次印刷
定　　价：29.80 元

中文版前言

　　"山光悦鸟性，潭影空人心"道出了人类脱胎于自然、融合于自然的和谐真谛，而"一山有四季节，十里不同天"则又体现了各生物群落依存于自然的独特生命表现和"适者生存"的自然法则。可以说，人类对生物群落的认知过程也就是对大自然的感知过程，更是尊重自然、热爱自然、回归自然的必由之路。《世界生物群落》系列图书将带领读者跨越时空的界限，在领略全球自然风貌的同时，探秘不同环境下生物群落的生存世界。本套图书由中国生态学会生态学教育工作委员会副秘书长、吉林省生态学会理事、吉林大学包国章教授任专家译审，从生态学的专业角度，对翻译过程中涉及的相关术语进行了反复的推敲论证，并予以了修正完善；由辽宁省高等学校外语教学研究会副会长张志明教授任总译审；由郑永梅、李梅、辛明翰、钟铭玉、王晓红、潘成博、王婷、荆辉八位老师分别担任分册翻译。正是他们一丝不苟的工作精神和精益求精的严谨作风，才使这套科普图书以较为科学完整的面貌与读者见面。在此对他们的辛勤付出表示衷心的感谢！愿本书能够以独特的视角、缜密的思维、科学的分析为广大读者带来新的启发、新的体会。让我们跟随作者的笔触，共同体验大自然的和谐与美丽！

　　本书有不妥之处，敬请批评指正！

目　录

如何阅读本书

　　本书内容包括热带生物群落绪论、热带常绿阔叶林生物群落、热带雨林生物群落的区域性介绍、热带季雨林生物群落、热带季雨林的区域性介绍等章节。以上章节以全球性概述为出发点，分别对各大洲生物群落展开描述。各章中对各个大洲生物群落的描述可以独立成文，但若对各章相应部分进行比较阅读将更有裨益。关于区域性介绍部分（需探讨的话题）在各章中并未过于深入展开，只在绪论中进行总体介绍。

　　为方便读者的阅读，作者在介绍物种时，尽可能少使用拉丁语名词或学名。本书使用的数据来自英文资料，为保证其准确性，仍以英制计量单位表述，并以国际标准计量单位注释。

　　在生物群落章节介绍中，对主要的生物群落进行了简要描述，也讨论了科学家在研究及理解生物群落时用到的主要概念，同时也阐述并解释了用于区分世界生物群落的环境因素及其过程。

　　如果读者想了解关于某个物种的更多信息，请登陆网站www.cccbs.net，在网站中列出了每章中每种动植物中文与拉丁文学名的对照表。

第一章
绪　论

　　紧邻赤道南北两侧的地带，称为热带，这里是形形色色最为独特的区域。这些区域是成千上万，甚至数以百万计的不同物种的家园，同时也对地球的空气循环、水循环、天气变化以及能源循环进行着调控。这些区域及其动植物区系对于当今世界的生命来说至关重要，因为全世界的热带森林都生存于此。

　　热带森林生物群落与其他所有的陆地生物群落相比，具有最为丰富的生物多样性。热带森林生物群落包括两个世界性的生物群落，分别是热带常绿阔叶林生物群落，也叫作热带雨林或赤道雨林生物群落，以及热带季雨林生物群落，又叫作热带落叶林或热带季风性林地生物群落。这两种生物群落分布在南北回归线之间——北纬23°与南纬23°之间——的热带地域，沿赤道南北两侧的赤道带就位于其中。热带雨林多出现在赤道带范围内，而热带季雨林则多位于赤道带以南或以北的热带区域。强烈的阳光照射带来的高温以及丰沛的降雨量在热带区域极为普遍，热带雨林终年经受着这样的高温多雨，而热带季雨林则需要面对温度和降雨量的季节性变化，降水量的季节性变化尤为显著。生活在热带森林生物群落的植物、动物以及其他有机生物在进化过程中，形成各种各样的独具特色的能力，以适应环境并茁壮成长。

　　本书将对以上两种生物群落展开介绍，对每个生物群落的描述都会以综合性的概述作为起始，主要包括：

·地理位置
·生物群落的形成和起源
·生物群落的总体气候条件
·生物群落中土壤形成的主要过程及土壤类型
·热带森林植物的常见结构及共同特点
·共同的适应性及群落中生存的动物类别
·当前生物群落的环境及保护的努力方向

在绪论之后，本书探讨的内容包括生物群落的区域性介绍、详细的位置信息、气候的影响、土壤、具体的动植物种类与适应性，以及对于当地文化所带来的影响和各区域所展开的保护情况的说明。

热 带 林

世界上的热带森林大多具有地理或纬度上的共性：所有的热带森林均位于北纬23°与南纬23°之间。热带雨林生物群落距赤道更为接近，在这样的条件下，白昼长短、温度、降雨量等在全年保持恒定。热带季雨林生物群落则在距赤道带以外，较为接近热带边缘。在少数地区，受海洋或气候的影响，热带森林分布区域可能会超出热带的范围。热带雨林占热带林总量的86%，其余的14%则由热带季雨林构成。热带森林生物群落主要分布在以下三个区域：中美洲和南美洲，西非、中非、非洲内陆及马达加斯加，亚太地区、东南亚、新几内亚及澳大利亚东北部地区。

热带森林约覆盖地球表面的7%，接近500万英亩（约202万公顷）的面积。这些覆盖地球表面7%的热带林，约有45%分布在美洲，25%分布在亚太地区，30%分布在非洲（见图1.1）。

在所有的陆生生物群落中，热带森林生物群落具有最为丰富的生物

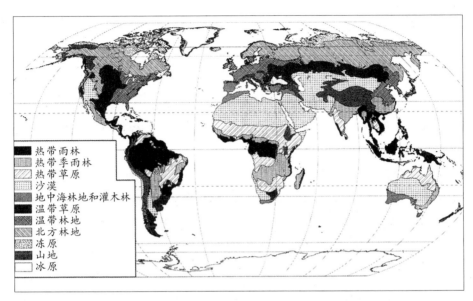

图1.1 全球热带森林生物群落 （伯纳德·库恩尼克提供）

多样性，与其他生物群落相比，这些生物群落的分布范围很小，却对全球的大气、天气及生态系统起着至关重要的作用。

植 被

热带雨林为常绿阔叶林，通常生长在海拔3300英尺（约1000米）以下，气温常年温暖，降水量很大。热带季雨林为落叶阔叶林和常绿旱林，分布在终年温暖但降雨量极其有限、通常每年有几个月旱季的地区。

尽管这两种生物群落具有很多共性，但仍然很容易通过气候、土壤、植被结构以及动植物类型将其区分开。热带植物群落形成从潮湿到干燥的分布层次，但是这种层次变化并不显著，在两种群落之间也并不存在明显的界限。

热带雨林生物群落的特点包括：居于植被上层的露生层乔木生有板状基根，树高可超过100英尺（约30米）；下层植被的大型常绿阔叶一般生长着能够快速排水的滴水叶尖；上百种附生植物和木质藤本植物在林冠中千缠万绕。而位于热带边缘的荆棘等喜干燥或旱生的植物群落，其树高多在15英尺（约5米）以下，很少长有板状基根。这类植物一般生有相对较小的复叶，树干上遍生尖刺。热带季雨林生物群落的树木高度在整个热带生物群落里居于中游，阔叶树木和藤类在旱季来临之初便开始落叶，继而开花结果。

热带雨林中的植物密度很大，树木和其他植物构成了多种植被层，其最上层为林冠。沿林冠而下，每一个较低植被层均受其上层的影响。最高的林冠层由散布其间的极高树木构成，称为露生层，接受最多的光照、热量以及风和雨水。在露生层以下，生长着非常密集的乔木，很少有光线能够穿透这层林冠达到下层，在下层林冠中生长着更多层次的低矮树木。热带森林的植被可分为五层甚至更多，包括乔木、灌木以及其他生命形态，木质藤本植物、附生植物、寄生植物和食肉植物遍布其中。下层植被典型的特点是具有宽大的叶片，便于吸收从上层树冠中透过的有限光线。而在地表层，由于上层植被最大限度地吸收着可以利用的光线，几乎没有什么植物生命能够在此生长。热带季雨林的林冠结构相对简单，由于众多乔木都会在旱季到来时落叶，林下植被生长较为稠密。

热带森林生物群落中物种繁多，但是多数物种的数量很少，并且热带森林中的物种分布区域具有局限性。在2.4英亩（约0.01平方千米）面积的热带雨林中，乔木种类可达100～300种，但林地的其他地方却很少能发现相同种类的树木。值得注意的是，热带森林中植物的种类数量远远多于其属的数量，也就是说，种与属的比率很高，同属植物的种类很多。不过，热带森林植物的属和种的总量远远高出其他生物群落的总量。在热带森林中种类繁多的同属植物比比皆是，但是热带雨林中的植物构成要比热带季雨林丰富，也要复杂得多。在所有的生物群落中，这两种生物群落是植物构成最为丰富和复杂。

气 候

在恒定的白昼长度、持久的高温和潮湿环境，以及其周围的大型水体的影响下，热带为其生物群落提供了终年稳定的气温。大体来说，热带雨林生物群落的年气温变化为79℉~81℉（约26℃~27℃）。日气温变化却要剧烈得多，在一些地区，在云量和降雨的影响下，日气温变化可达8℉（约4.5℃）。在赤道带以外的地区，年均气温开始有轻微的变化。热带季雨林的最高气温并非出现在阳光直射的时候，季节性的气温变化多在68℉~86℉（约20℃~30℃）。受云量影响，旱季的日温度保持在82℉（约28℃）左右，而湿季的日均气温在78℉（约26℃）左右。

热带森林的生长需要高温和高湿的环境。对热带林来说，严寒是限制因子，它会限制植物生长，同时对大多数热带植被形成致命威胁，因此热带生物群落的生长范围只能局限在南北回归线之间，在这个低纬度气候区域内，年降水量为100~180英寸（约2500~4500毫米），而且全年均有降雨，只是某些地区的降雨会有季节性减少。热带雨林里的干旱季节并非真正意义上的干旱，不过是在此期间的降雨减少，变为间歇性降雨，并可能会有1~2周的无雨期。距离赤道越远，降水量便会越少。季节林和季风林会经历真正的干旱季节，通常会持续4~7个月时间，但在其他季节会有极为丰富的降水补充进来。

热带森林的白昼长度（光周期）以及阳光的辐射角度全年变化不大，而其轻微的改变便会导致天气模式随季节而变化，这种影响在热带季雨林生物群落尤具代表性。在热带生物群落中，气候模式的逐渐变化在距离较大的情况下便会体现出来。

全球环流

世界上的热带森林主要受两种全球性的环流系统的影响，分别是热带辐合带（ITCZ，又称为赤道低压带、间热带辐合区）和信风。这两种环流系统决定了热带的气候模式和天气模式。赤道带区域阳光直射，光照充足，气温高，湿度大。赤道带气团由于急剧受热上升进入大气，上升的气团产生了气压梯度，即赤道带附近气压低，中纬度区域气压高。受水平气压梯度力的影响，暖气流在大气上层向极地方向流动，而冷气流在大气底层由中纬度地区向赤道方向流动。这种向赤道方向的空气流动在南北半球同时出现，并带动了全球的空气流动，形成了总体的环流模式（见图1.2）。在气团向赤道带流动的过程中，形成一个不稳定气团区域，叫作热带辐合带（ITCZ）。热带辐合带位于南北纬5°之间的赤道带，在某些区域可能会向中纬度地区延伸一些。热带辐合带也会随季节和获取太阳能量多少的变化而向南或向北移动。热带辐合带的边界会在陆地上和海洋上有所不同。不稳定气团（通常带来大雨）、无法预测的大风以及某些情况下没有一丝的微风，构成热带辐合带在海洋上空的特点，这就是早期海员所熟悉的"赤道无风带"。

从中纬度吹向赤道的气流在热带辐合带南北两侧产生了稳定的循环风模式，这种稳定的气流被称之为信风（又称贸易风），为往返于欧洲和美洲间的贸易提供了极大的便利条件。信风循环系统在大西洋和太平洋海域最为明显，而在深受季风影响的环印度洋海域则并不显著。信风在南北半球均为偏东风向，也就是说，信风是自东向西的。南北半球的信风均吹向赤道，最终汇合于热带辐合带。信风会为地处大洋东海岸的热带国家带来大量的降雨，比如加勒比海和中美洲地区。

而在陆地上，热带辐合带则会向极地方向偏移，进入亚热带直到极地附近。这种季节性的偏移会给热带南北两侧的某些区域带来强风和大雨。季节变化所导致的海陆间温差会引起季节性的风向变化，这种随季节而有规律变化的风称为季风。人口众多的中心城市及其所属的集约农业区主要依靠季风带来的降雨。饱含水分的高密度气团通常会带来短时内的骤雨，非洲和印度的某些地区曾达到全天20~30英寸（约500~760毫

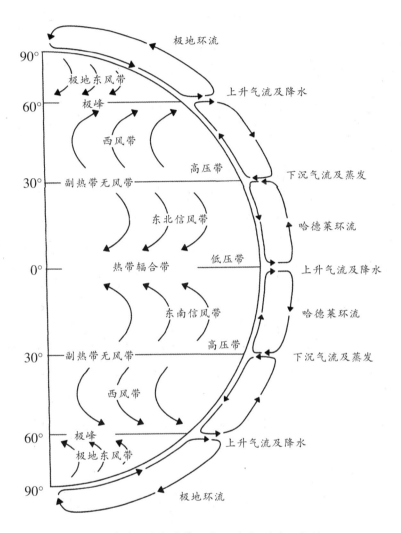

图 1.2　全球环流和热带风系　(杰夫·迪克逊提供)

米) 降雨的记录。我们将在第四章进一步探讨季风的内容。

　　在热带的内陆地区,信风导致的环流影响较小,而森林和大气间热量交换的差异则对气候造成重要影响。在雨林内的蒸发作用下,近地面层空气受热上升并在高空强烈降温,水汽冷却凝结,就会形成热带典型的对流雨。同样,空气沿山势上升时,水汽冷却凝结,由于冷却的气团无法承载大量水汽，于是形成降雨。这种对流雨最常见于傍晚，经常带来强降雨，有时会持续整晚。飓风、龙卷风和台风均产生于热带水域的低纬系统，速度快，动能大，抵达陆地便会带来极其强烈的降雨，随之而来的强风更会导致洪水泛滥，破坏力巨大。热带龙卷风主要出现在太平洋及印度洋海域，影响范围包括马达加斯加、亚洲东南部及澳大利亚。

厄尔尼诺与南方涛动现象有密切的联系，它们主要影响热带地区的全球海洋空气热量交换。厄尔尼诺现象及与其相反的拉尼娜现象均会对热带太平洋的水面温度造成影响，尤其对南半球的天气模式造成巨大影响。厄尔尼诺现象会将赤道附近的太平洋暖流向东推动，流向南美洲西海岸的冷水海域，暖流及其带来的暖气团会给通常为干冷的地区带来大量水汽。与此相反，暖流东移给西太平洋地区造成了水汽的缺失。厄尔尼诺会给某些地区带来过度降雨而给另一些区域造成干旱，比如，它会给太平洋沿岸中南美洲热带旱林带来洪水，也会给亚洲和澳大利亚的热带森林带来干旱和大火。较为严重的厄尔尼诺事件（持续时间长达五个月以上）会给亚洲的热带森林带来极度干旱，极易引发大火从而毁灭整片林地。现在有观点认为全球气候的变化导致厄尔尼诺现象频发，但全球变暖对厄尔尼诺及其他气候现象是否起了作用还需大量科学佐证。

土 壤

热带土壤是在高热高湿度条件下历经数百万年形成的，主要由远古土壤经风雨侵蚀而成，高酸，贫瘠，缺乏有机物成分，土色偏红或黄。热带土壤——包括一些年代较近的土壤——相对肥沃，含有更多的矿物质，由火山岩侵蚀而成，土色呈棕黑。我们将在后续章节讨论土壤类别的内容。

进化过程

　　热带森林生物群落中的动植物均呈现出多样性。地处高湿、高热条件又长期与世隔绝，热带森林生物完全具备足够的空间以发展自己独特的生态地位和生存策略。从未停止的植物多样化进程促进了居住者的多样化，也为动物种类的多样性提供充足机会。数百万年的与世隔绝使得动植物缺乏与外界的联系，通过适应性辐射而形成新的物种，即众多物种均来自于共同祖先。

　　热带雨林所展现出的另外一种进化现象是趋同进化，是指两种或更多种类的生物，即使在进化上毫不相关，如果生活在条件相同的环境中，可能具备类似特征或相似行为，这种现象称为趋同进化。新热带地区的蜂鸟、非洲和亚太雨林的太阳鸟不仅外形相似而且占据相似的生态地位；新热带刺豚鼠和亚洲拉布拉多白足鼠外形极为相似；巨嘴鸟和犀鸟更是具有惊人的相似度，但相互间却并无任何亲缘关系。这一现象的更多例子参见图1.3。

动植物的适应方式

　　热带生物群落中的动植物在数百万年的隔绝于世以及长期保持不变的气候条件下，逐渐通过进化具备了非常有趣的应对环境的方法。适应性是动植物迎合环境的唯一办法。机体的适应性越好，就越有可能存活下来。适应性受机体遭遇的众多压力和环境提出的各种要求所制约，如气温、光照、形体、水源、食物、藏身处以及捕食、竞争、繁衍后代等都为改变适应性提供机会。进化性适应使得热带植物在各种环境压力之下繁盛生长。热带森林生物不断进化是以最大限度地生存与繁衍来实现的，随着全世界热带地区环境的不断变化，生活其中的生物也在随

飞鼠(北美)   大洋洲袋鼯(澳大利亚)

食蚁兽(新热带)   袋食蚁兽(澳大利亚)

犰狳(新热带)   穿山甲(亚洲)

图 1.3　趋同进化图例，外形相似却并无亲缘关系　(杰夫·迪克逊提供)

之改变。一旦生物无法适应周围变化的环境，长久生存的概率也就大大降低。

　　热带森林植物所面临的压力包括光强过高、过度降雨、非季节性干旱、频繁的热带风暴、飓风或者台风、雷电袭击、大风、大火等。贫瘠但水分过度饱和的土壤会导致矿物质和有机物的流失，还会带来水土流失，因此热带雨林无法在这样的水分过度饱和条件下获得季节性的修复，而热带季雨林则会遭受水汽过多或者完全缺失的压力。

植物的适应性体现在机体特征的改变上，如树体构造、根系结构、稠密程度、可变的树叶形状及大小、种子形状和大小，以及授粉和萌芽方式等；还包括光合作用率的差异、养分吸收及木质密度等生理学策略和掠食防范等化学策略。以上均为热带植物适应性的不同体现。本分册会在后续章节介绍更多关于适应性的内容。

热带地区所有的林地生物群落都具有相似的动物构成，大型哺乳动物和鸟类经常在雨林和季雨林间迁徙。动物的每一个群落不在同分布区域内都会形成其独特的进化特征及生存策略，例如，如何通过林地，如何充分利用各种食物资源，如何求偶，如何防止被猎食等。这种适应性在无脊椎动物和脊椎动物身上均有明显体现。澳大利亚，有袋目哺乳动物呈现出广泛的多元化特征，不仅包括树上生物，而且包括生活在森林地表的生物。对具体动物的介绍及其对生存地域的适应性将在第三章和第五章的"生物群落的区域性介绍"部分中进行探讨。

热带森林生物群落是我们这个星球上最为古老、最具多样性、生态学角度上最为复杂的生物群落，为全球半数以上的物种提供栖息地。至少有300万个已知物种生活在全球的热带森林中。这一数字很可能会扩大10倍甚至更多，因为并非全部热带物种都得到了科学描述。随着时间推移，栖息在热带森林中的新物种将为人们逐渐发现。

以上两种生物群落存在相似性，也同样具备明显的区别。表1.1的比对表明了两种生物群落的异同。

热带森林对我们这个世界的贡献不仅仅限于维护生物多样性。热带森林不仅为人类提供栖息地和家园及食物、建材、药物等自然产品，同时也具有保持水土、防范洪涝等生态系统的服务性功能。南美洲的亚马孙热带雨林为全球提供超过20%的氧，亚马孙盆地提供了全世界20%的淡水。热带雨林为保持地球有限的淡水资源起着至关重要的作用，同时也是碳储备的重要来源，对区域气候及全球气候更是起着关键作用。

表1.1　热带雨林与季雨林生物群落比较

	热带雨林	热带季雨林
位　置	沿赤道的南北纬10°之间	热带雨林以南或以北(南北纬10°~23°)
气温调节系统	热带纬度,日照时数无变化	热带纬度,日照时数有变化
气温模式	几乎无变化	极小程度的季节性变化
降雨调节系统	副热带高压带,对流雨	偏移的副热带高压带和信风
季节变化	无	有
气候类型	热带湿性气候	热带干湿季交替,热带季雨性
主要植物形式	常绿阔叶乔木,藤本植物,附生植物	落叶阔叶乔木,藤本植物,附生植物
主要土层顺序	氧化土,老成土,新开发土,新成土	氧化土,老成土,新开发土,新成土
土壤特征	低肥料,低养分,高度风化,酸性,土色红黄	肥料稍多,养分略高,经风化,土色红棕
生物多样性	全球之最	程度很高
年代	古代:第三纪至中白垩纪	古代:第三纪至中白垩纪
当前状态	大规模砍伐、采矿,由于土地使用情况变化而导致的林地气候模式改变、高度发展和人口压力及气候变迁对其产生完全灭绝的威胁	大规模砍伐、采矿,由于土地使用情况变化而导致的林地气候模式改变、高度发展和人口压力及气候变迁对其产生巨大威胁

人类对热带森林生物群落的影响

　　森林砍伐对热带雨林生物群落具有毁灭性作用,破坏生物的栖息地从而影响生物多样性,使大片相连的生存环境出现断隔,增加了边界效应。热带生物群落中生物种类的灭绝情况比其他任何群落都要严重。人类持续的、不断加剧的对林地的侵占导致森林地貌的永久性变化。大范围的破坏森林并进行焚烧也是二氧化碳和甲烷等温室气体的来源之一。森林被清除后，本应通过光合作用吸收、储存的二氧化碳大量滞留，加上自工业革命以来人为排放入大气的二氧化碳和其他温室气体不断增加，温室效应及全球变暖使得热带地区湿度更大、气温更高。然而，森林的大量流失改变了这种效应。滥伐森林直接导致地表反射率升高，改变气温和降雨模式，最终影响重要的气候过程。亚洲和中非的热带地区变得更湿润更高温，而南美和西非的热带地区气温却变得更高，更为干燥。其他对热带森林极具破坏作用的土地使用活动包括金矿开采、矿物提取、转变农业规模及畜牧业等。筑路及石油开采也会带来物种减少和热带森林完整性的缺失。许多新兴国家从热带雨林中发展而来，其不断增长的人口压力和经济发展都给热带雨林带来巨大压力。

热带森林生物群落的生态环境较为独特，容纳了世界上最为多样的生物物种。众多的热带生物群落为人类提供食物、栖息地、药物及其他自然资源，其生命持续的过程对调节气候、氧气制造和水循环而言都是至关重要的。热带生物群落的生态环境将直接影响整个世界的生态环境。

第二章
热带常绿阔叶林生物群落

　　热带常绿阔叶林生物群落也被称为热带雨林或赤道林地生物群落，是赤道附近的一种常绿阔叶林生物群落（见图2.1）。尽管热带森林只覆盖地球表面的7%，但其陆生生物的多样性却高居全球之首。

地 理 位 置

　　热带雨林生物群落分布在赤道带（南北纬10°之间）海拔低于3300英尺（约1000米）的地区，在高湿度环境下，热带雨林的范围会超出赤道

图2.1　危地马拉热带雨林　（作者提供）

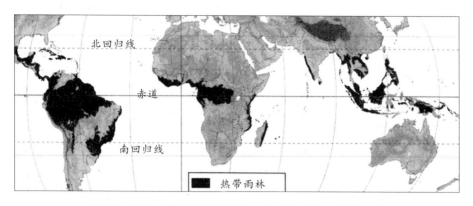

图2.2　全球热带雨林生物群落　（伯纳德·库恩尼克提供）

带。热带雨林生物群落主要有三大分布区域（见图2.2）：

·新热带地区雨林：中美洲、南美洲、加勒比海各岛屿

·非洲雨林：西非、中非及其沿岸岛屿、刚果盆地、马达加斯加东部

·亚太地区雨林：印度西海岸、东南亚、印度尼西亚、新几内亚、澳大利亚东北部

在三大分布区域中，可以发现相似的小生境——多维资源空间；然而，各个群落中生物的种及更高级的分类学单位（属和科）是有区别的。热带雨林与温带林地生物群落中的种大相径庭，新热带地区雨林——尤其是亚马孙雨林——中的物种多样性程度最高，排在第二位的是亚太地区各自独立存在的雨林，非洲雨林则排在最后。

热带雨林

热带雨林在陆生生物栖息地中拥有最多的生物数量，除去受气候的大型变动和区域性波动影响外，热带雨林几乎在上亿年的时间里处于未受打扰的稳定状态。作为这个星球最主要的基因库，热带雨林孕育着众多的植物、哺乳动物、鸟类、爬行动物、两栖动物、鱼类、无脊椎动物及微生物，在其间繁衍、进化并不断更新其生态地位。

　　一旦这些区域被隔离开来，在各自的进化过程中将很难产生相似性。全球的热带雨林展现出完美的差异性，但其中的典型动植物却仍然具有相似性。

　　这种动植物相似性的一部分原因可以解释为生物在千百万年的时间里在世界范围内传播迁移的过程中，总会在新的环境下选择那些适宜自身生存的栖息地。如果环境不适合生存的需要就会进行大范围的迁移并形成"殖民"，这样的过程被称为远距离传播。历史悠久的森林和年代久远的远距离传播构成了必要的条件。大多数热带雨林长年气候炎热，雨水充足，与其所处的地理位置特点吻合，因此相似的环境为新物种的扎根提供了便利条件。这种环境的相似性有助于我们理解雨林地区的共性，但独特的植物相似性却仍有待研究。

热带雨林生物群落的形成

　　想了解热带雨林及生存其中的物种，应该由了解其起源开始。远距离传播某种程度上为全球热带雨林的相似性做出了解释，但雨林间的相似性和进化关系更多的是与地质史相关。当今拥有热带雨林的各个大陆都源自中生代早期（大约3亿年前）位于南极附近的一个巨大的陆地板块。

　　亿万年前，在地质构造运动过程中，这块巨大的板块缓慢地移向赤道。大约2亿年前，这块大陆遇到了一个北部位于赤道附近的另外一个板块，并合二为一，形成了盘古大陆，意为"所有的陆地"。在此期间，动植物在整个大陆范围内传播、繁衍，仅仅会受到山脉和沙漠的阻隔。至今，盘古大陆的岩床和地盾断片在各个大陆都有发现。盘古大陆的中心位于赤道附近，日照丰富，高温多雨，为现在热带雨林生物群落的进化提供了最为理想的环境。

　　包括南美洲、非洲、马达加斯加、东南亚、印度、澳大利亚和新几内亚热带雨林的巨大板块是超级大陆盘古大陆的南半部。从三叠纪到中白垩纪（2.4亿年前至1.6亿年前）盘古大陆的中心都位于赤道附近。在此期间，构成东南亚核心部分的大陆块从超级大陆中分离开来。随着板块继续运动，盘古大陆逐步分裂成南北两大部分。南部板块包括非洲、印度、马达加斯加、南美、澳大利亚和南极洲，称为冈瓦纳（冈瓦纳古大陆）。北部板块包括北美和欧亚大陆，称为劳亚古大陆（见图2.3）。劳亚古大陆逆时针由赤道向东北方向移动，冈瓦纳古大陆则停留在赤道附近，沿岸地区饱经日晒，高温多雨，继续为热带雨林的进化提供理想条件。长期保持构造的稳定性为冈瓦纳古大陆形成错综复杂的生态系统创造了有利条件。

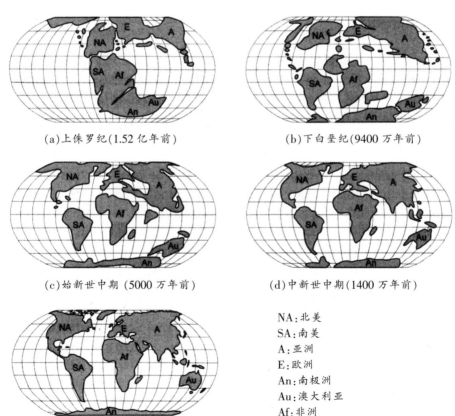

(a)上侏罗纪(1.52亿年前)　　　　(b)下白垩纪(9400万年前)

(c)始新世中期（5000万年前）　　(d)中新世中期(1400万年前)

(e)现代

NA:北美
SA:南美
A:亚洲
E:欧洲
An:南极洲
Au:澳大利亚
Af:非洲

图2.3　板块构造运动与冈瓦纳古大陆　（杰夫·迪克逊提供）

冈瓦纳古大陆逐步分离：随着中央海岭的形成，南美洲、南极洲、澳大利亚和新几内亚向南向东移动，出现了大西洋。在下白垩纪（约1.2亿年前），马达加斯加和印度从冈瓦纳古陆中分离开来，向东偏北方向移动。非洲在上白垩纪和下第三纪的相当漫长的时间内保持孤立状态，产生了许多其当地独有的哺乳动物。到了大约5000万年前，开始逐渐形成现今地球的海陆格局。

在盘古大陆时期，陆地上由裸子植物（针叶树种、银杏及苏铁科植物）和被子植物占据主要地位，它们能够适应更加干燥的大陆性气候。裸子植物是最早的种子植物，它们的胚珠外面没有子房壁包被，不形成果皮，种子是裸露的，与被子植物相反。在盘古大陆形成之前，原始的裸子植物就已经出现，在大陆板块的南部不断进化并向赤道方向蔓延。不久开花植物开始出现，尽管开花植物的起源和进化仍有待研究，但当前已有证据表明白垩纪（约1.44亿~0.65亿年前）时在南北纬45°之间曾经出现过一次被子植物的大爆发，还有一些在此之前已经出现在盘古大陆上。近年来在中国发现的原始被子植物化石可以追溯到中侏罗纪（约1.75亿年前）。充足的湿度、日照和热量为被子植物的进化、多元化提供了便利条件，这种开花植物开始在世界的中心部分占据统治地位。这时，非洲和南美洲仍未分隔开，因而具有相同的物种。

冈瓦纳古大陆的热带区域在千万年中饱经高温日晒雨淋的洗礼，在这个由裸子植物和蕨类植物占据主导的时期，恐龙成为大陆的统治者。此时早期哺乳动物才刚刚开始出现。随着恐龙在侏罗纪和白垩纪（约2亿~0.65亿年前）的灭绝，哺乳动物占据了栖息地和小生境并迅速发展、进化。在2.5亿~1亿年前有袋目哺乳动物出现。开花植物在生殖和再生方面的进化与哺乳动物的进化同时产生，这时因为植物为哺乳动物提供食物的同时，哺乳动物也在为植物的授粉、种子传播和萌芽提供帮助。这时南美洲、南极洲、澳大利亚和新几内亚与非洲分离开，带着原始哺乳动物以及维管植物和裸子植物从近赤道的冈瓦纳大陆向南移动。包含澳大利亚和新几内亚的板块与南美洲分离后向东北方向移动，这个岛状板块在几百万年中一直保持着孤立状态，古裸子植物和有袋类哺乳动物在此扎根、进化，占据了胎盘类哺乳动物在非洲、亚洲和美洲的生态位。

现今的热带雨林生物群落中我们所能见到的闭合的林冠出现于6500万年~5000万年前的下第三纪时期。新近提出的一种假说认为，我们在不同地区的分类组中所见到的相似性，主要是由在距今较近的地质时期内全球大范围变暖的趋势造成。在气温逐渐升高降水量不断增加的时期内，热带物种的分布范围也越来越广泛——甚至会超出热带范围向两极发展，这就给各个大陆之间动植物物种的交换创造了条件。在第三纪曾经出现过一个连续的热带林带，从南欧一直延续到中非，直至马达加斯加岛，向东则延续到南亚和远东；这一大型林带在南美洲依然存在。这种全新的理念对于提高我们对进化关系和物种当前分布情况的理解大有裨益。

随着大陆板块的分离，气候变迁开始对热带雨林生物群落产生限制作用。当降温出现后，热带物种只在保持热带气候特征的地方才能存活下来。在跨越几个世纪的时间里，热带物种一直受到限制，直到更新世形成当今的物种分布。从大约180万年前起，随着冰川期的到来，北部高纬度地区形成更为寒冷、干燥的环境，季节也越发分明，不利于热带物种的生存。若要证实这一关于热带物种起源和分布的假说，尚需对花粉和化石做更多分析，以及对物种进化史的研究。

当今的三大热带雨林区所呈现出的生物多样性，很大程度上是物种进化和气候变迁的共同结果。新热带雨林的物种数量居三者之最，其广阔的范围为更多物种成功地在气温冷却的过程中幸存下来提供更大的可能性，远远超过非洲雨林的庇护能力；与其他大陆隔绝开来，又产生了一大批仅对当地环境形成适应的物种。而非洲雨林则在气温冷却和气候干燥的共同作用下急剧缩减，仅剩一些冰川生物种遗区，至今仍是地方性生长现象的中心地带。亚太地区雨林受气候变迁的影响较小，海平面的变化反而使动植物的传播范围变得更大。

　　热带雨林一直在不断地适应气候和地理的变迁。在曾经的地理和气候大变迁中，寒冷的冰川期会让雨林范围大大缩减，把热带物种局限在赤道附近的冰川生物种遗区和残留地带；在温暖的间冰期，热带雨林则会向两极方向延展，超出热带的范围。在全球的雨林里，各个物种都在进化和改变，对不断变化的环境做出适应。古生态学的记录可以提供依据，证明热带雨林的分布在过去曾发生过巨大变化，为理解雨林间的相似性提供了帮助。当今，在地理上相隔万里的雨林既生长着各自独有的物种，又有很多物种源自6500多万年前的同一祖先。尽管现今雨林中的许多物种都能证明这段古代历史，但现在的雨林无论在结构上还是在外观上都与曾经的雨林大相径庭。

气　候

　　太阳辐射年变化小，并由于太阳在一年内的春分、秋分前后两次通过天顶，所以气象要素的年变化都具有双峰型的特点。一年内各月平均气温在79°F~81°F（约26℃~27℃）之间变化，年降水量达100~180英寸（约2500~4500毫米），降水的季节分配比较均匀，但个别地区仍有显著差异。如东南亚的热带雨林气候显示了大陆性，山地降雨最多达6000毫米以上，如非洲喀麦隆、南美洲巴拿马和厄瓜多尔间的地区。喀麦隆火山曾有降水记录达到475英寸（约12000毫米），哥伦比亚达到过400英寸（约10000毫米）。

　　非洲雨林的气候呈现热带湿润气候的特征。加蓬的气温很高，月雨量达到2.4英寸（约60毫米）以上（见图2.4）。雨林往往出现在降水量高于蒸发量的地区，这就意味着水量会有剩余，是一种积极的水平衡状态。在地下水储量能够克服偶尔干旱所带来影响的情况下，热带雨林也会向外扩展。

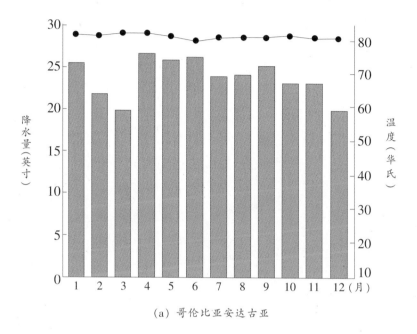

(a) 哥伦比亚安达古亚

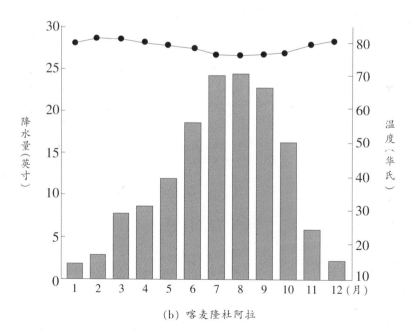

(b) 喀麦隆杜阿拉

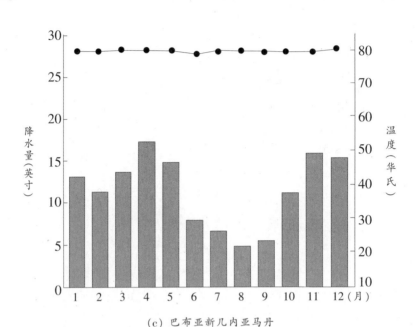

(c) 巴布亚新几内亚马丹

图2.4　哥伦比亚的安达古亚（Andaguya）、喀麦隆的杜阿拉和巴布亚新几内亚的马丹气候图表。三个地区均终年高温多雨　（杰夫·迪克逊提供）

　　从宏观气候角度来看热带生物群落，气候和天气对植被和林地内部循环的分布和机能起到了极为重要的作用。雨林的天气和气候由光照量、吸收的热能以及地球表面的反向辐射量决定。全球大气循环和水循环也将产生影响。

　　另外，在大洋上也会出现干旱少雨地区，如太平洋上的莫尔登岛（北纬4°，西经155°），年降水量仅730毫米。具有热带雨林气候的高山地区，气温较低，但其年变化仍很小。这些地区，从山麓到山顶，可以出现热带雨林到终年积雪的气候，呈现出类似从赤道到极地的各种自然景观，垂直分布，最为丰富多彩。

　　地球所接收到能量的99%均来自太阳。由于地球的自转、公转及轴面倾角的影响，南北纬23°间的热带地区吸收的太阳能量最高。持续、稳定的太阳能量摄入、地球轴面倾角的影响，加上绕太阳公转的影响，这一地区的季节变化最为微弱。当太阳直射时，南北回归线之间的热带地区白昼时长可达到12~13.5小时。太阳辐射的多少直接受到云层覆盖的影响：云量、云层厚度、云层高度都会导致气温变化，但这一地区的生长期均为全年365天。

　　热带雨林中，从太阳到林地的能量传递主要集中于林冠（见图2.5）。在高耸、浓密的林冠的遮蔽下，只有不超过10%的太阳辐射能量会达到林地表面。林地自身的生物调节机制（光合作用、蒸发作用、蒸腾作用等）控制着林冠内的能量转换，保持恒定的温度。而林地表面的能量

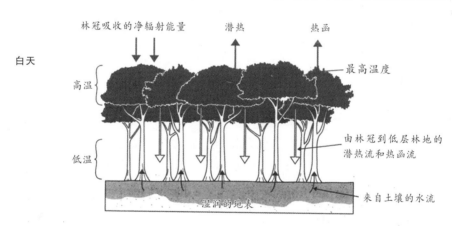

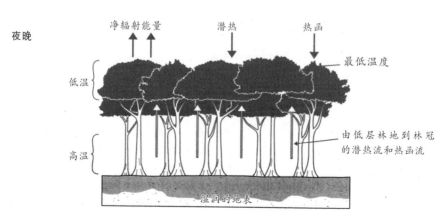

图2.5　热带雨林能量动态，夜间林内气温下降　（杰夫·迪克逊提供）

转换则极为微小。

　　进入林地的太阳辐射能几乎不会反向辐射回大气中。林地中充斥着由植物蒸腾作用产生的大量水蒸气和植物腐败产生的大量二氧化碳，会吸收掉向外释放的热能，使之重新回到热带森林的能量循环系统中来。这就形成较为统一的日常循环模式，达到辐射平衡的状态。太阳辐射能量从日出开始逐步增加，直到正午，然后逐渐下降，直到夜幕降临。从全年的（光照和热能）辐射模式来看，春分和秋分时辐射能量达到最高值，而在雨季会有所下降。在离赤道较远的热带区域，还会有明显的季节性变化。这些起伏变化对于某些生长在热带边缘地区的植物分布和机能都起到了重要的作用。

热量收支

　　了解大气与林冠和林地地表间的热量交换对于理解热带雨林及其气候具有重要意义。全天内的变化过程要比全年内的变化更为明显。白昼间太阳辐射的能量主要被林冠吸收，在雨林内部，能量的吸收和释放主要通过植物的蒸发作用和蒸腾作用来完成。这种蒸散循环会导致林地内水蒸气含量的变化。但不管能量和水蒸气如何变化，林地内的温度始终处于相对恒定的79℉~81℉（约26℃~27℃）之间。除蒸散作用外，夜间的冷凝作用也会释放一部分能量。这部分外释的能量则被大气和林地表层的树基所吸收。这些过程均会对气温和湿度起到调节作用，使其变化程度最小化。实际上，气温变化最大、热能交换最多的部分是林冠层。热能转换的波动在干湿季明显的亚热带地区尤为显著。

　　日间的气温变化会对热带雨林植被产生影响。在空旷且无乔木覆盖的赤道雨林地区，日间温差达到极致。在热带边缘地区日间温差也相对较高，可达8℉（约4.5℃）。较小的日间温差作用在雨林的中央或内部区域也会形成较大影响。每天的最低气温出现在日出前，日出后气温稳步上升，到正午时会有5℉~9℉（约3℃~5℃）的增幅；正午过后气温逐渐下降，下降过程会延续整夜。云层的覆盖会加剧或缓和气温变化。

尽管全天范围内林地摄入或释放的热能会有所变化，但全年的热能循环则较为稳定。由于光照和热量摄入十分稳定，全年的气温变化也非常微弱。赤道附近地区的季节性气温变化仅有2℉（约1℃）。月均气温的稳定主要是受到恒定的白昼长度和热带地区的广阔水域影响。海洋会缓和任何可能出现的剧烈气温变化。

热带雨林的降水条件

在赤道附近，降雨的季节性循环并不明显，而在热带的边缘地区，这种变化要分明得多，当太阳运行到昼夜平分点时，降雨会达到峰值。

正是雨林的降雨量和降雨的持续性保证了热带雨林四季常青。常绿植物只能生长在热带地区，是因为只有这里才能保证充足的降水量和强大的储水能力，才能在全年始终处于积极的水平衡状态。这意味着林地几乎不会面临缺水的压力。若要保持热带雨林的正常生长，全年降水量至少要达到100英寸（约2500毫米）的最低预算量。然而，这个预计的降水量必须在全年均衡分布，水量平衡受到破坏达到一个月，就会对热带雨林造成毁灭性的影响。

同温度一样，热带雨林生物群落内也存在着一个降水的日间循环。降雨通常发生在午后时段，此时对流运动达到顶峰。有时降雨量极大，有些地区甚至会持续至夜幕降临甚至到更晚的时刻。内陆区域和山坡附近通常在午后较早的时段迎来降雨，而在沿岸地区降雨通常发生在傍晚。

在极林地内部，降水循环多通过小型的水循环体系来完成：通过光合作用实现水汽蒸发，然后冷凝再次形成降水。这些小的水循环体系需要一到两天的时间来完成循环过程，其涉及的水量达到全部循环总量的三分之二。另外一种水循环的方式是通过较大范围内的循环来实现的，通常涉及广阔的海洋区域，比如由信风、季风和气旋带来的降雨。因此，大西洋上空形成的雨云可能会在非洲的雨林形成降雨，甚至在很小的概率下会到达亚马孙盆地。

　　大型和小型水循环体系共同为热带雨林生物群落的创建和维持提供了必要条件。任何对于这种气候体制的破坏或改变，无论是长期的还是短时的，都会对热带雨林，以及全球的气候环境产生巨大影响。

气候变化

　　气候的自然变化总是会对热带雨林生物群落产生影响。早期的论断认为，自第三纪（6500万年前）热带雨林形成以来，雨林只受到天气变化极其微弱的影响，而最近的研究结果推翻了这一说法。新的研究证明，从180万年前至1.2万年前的平均温度有所降低，这对森林产生了重大影响。

　　当气温下降时，大气中的水蒸气含量随之降低，气候较之今日更为干燥（见热带气候变迁）。相反，暖空气则会带来更多的水蒸气含量，因此在较暖的气候条件下，降水量就会增加。植被会随气候变化而变

热带气候变迁

　　在过去的1000万年中，热带雨林的面积由于气候的变化而随之扩大或缩小。孢粉记录表明，在雨林从热带的边缘地区消失之后，山地和稀树大草原的面积都有所增加。从化石中发现的证据也可表明，过去热带和赤道附近地区要比现在更干燥，更凉爽。其间，非洲和新热带地区的雨林都曾缩小成我们称之为"冰期生物种遗区"的极小范围。在间冰期雨林有所扩展，在冰期生物种遗区内幸存下来的物种得以不断向新的适宜环境呈辐射状蔓延。冰期和间冰期就这样交替往复，影响着世界范围内的雨林分布。

　　对热带湖区水平面升降的研究，从地貌角度证实了孢粉和化石表明的现象。湖水平面在冰川作用最大时期下降最多，而在间冰期

大幅度上升。降低的湖水平面和更为干燥的气候导致非洲、新热带地区和澳大利亚雨林面积的急剧缩小；但在南美洲产生了不同的影响。冰期时较低的海平面在中国海的岛屿间形成大量的地峡，为这一地区的动植物向周围环境繁衍扩散提供了有利条件。

上一次冰期出现在18000~12000年前，这使当时热带雨林的物种大幅度减少。在这次冰期之后，暖湿环境成为全新世（10000~5000年前）的主要特征，导致了雨林缓慢的复苏。但在5000年前，人类开始伐林取柴、烧炭、垦荒，极大程度地改变了地貌，人类活动给雨林分布带来的影响甚至要超过气候变迁的作用。

化。大量温室气体排放入大气会对现在和未来的气候产生影响，从而导致热带雨林生物群落的变化。气候变化专家对热带雨林的未来做出了不同的设想：从降水量减少、长时期干旱、气温升高，导致亚马孙和非洲雨林沙漠化的季节变化，到亚洲热带雨林的降雨量增加（有50%的概率）。除这些潜在变化之外，乱砍滥伐、焚林开荒、采矿、人口压力以及其他掠夺性活动等形式的直接影响，将会给热带雨林的未来造成深远的生态改变。考虑到热带雨林生物群落对世界气候的巨大影响，其潜在的悲惨命运只能给我们人类带来全球性的灾难性影响。进一步开展研究、保护区的设立，以及对影响气候变化因素的限制，都将是我们必不可少的措施，以保证热带雨林生物群落能够存活下去，更是为了从全局角度保证生物圈的稳定性。

土　壤

土壤是热带生物群落中植被得以生长并维持下去的主要因素；同样，植被也会在其他因素诸如气候、母质、地形和时间的共同作用下，对土壤的类型和特征产生影响。土壤是由母质（当地的地质构造）中的岩石经风化后，加上动植物死亡腐解后形成的有机物构成的。风化是一种母质的化学性或机械性损耗过程，会使母质分化成越来越小的微粒。气候因素（温度、降雨及湿度等）及微生物和低等植物也有助于风化和土壤形成过程的顺利进行。土壤的形成过程漫长而复杂，土壤在其形成的初始过程中，会融入大量不断累积的动植物分解后产生的有机物，与岩石碎块、土壤碎屑混杂在一起。

土壤类型

热带土壤中最为普遍的是年代久远、风化程度很深的氧化土和老成土。现存的大部分土壤年代较近，来自于火山活动或由火山岩分解而成，而这种分解仅仅是风化的开端。

根据《美国土壤分类学》的类别确定，热带土壤主要是氧化土。联合国食品及农业组织（FAO）使用的土壤划分方法使用了"铁铝土"这一专有名词，别称"砖红壤"或"红土"。世界上的许多热带地区都拥有大面积的氧化土，如南美洲和非洲。数千万年的风化并经受常年的日晒雨淋，最终才形成这种古老的土壤。氧化土几乎或完全没有有机物或腐殖质层。终年炎热、非常潮湿，加上细菌的迅速分解，完全消除了腐殖质积存下来的可能性。在强化学性风化作用和充沛雨量的共同作用下，全部的可溶性矿物质，和一些难以溶解的物质都被分离出来。因此，A层和B层土壤会厚达数十英尺并且很难分辨开。氧化土中铁和铝的含量都很高。过于充沛的降雨把土层中的硅质、重要的矿物质和养分全部溶解出来。在有些地区，土壤中的高酸成分和降雨共同作用，甚至会把土壤中可溶性的铝离子分离出来，使土壤具有毒性。氧化土具有很高的渗透性，肥沃程度很低，其自然环境下水土流失的可能性也较低。直接曝晒于热带阳光下，也没有有机物和腐败植物的遮盖，氧化土会变得极为干燥，硬如砖块。这个变化过程被称为红土化作用。长久以来，砖块状的红土一直被热带居民用来建造房屋。

热带的氧化土因为含铁丰富而具有典型的深黄或红色特征，也会因为其中的高铝含量而颜色较浅。氧化土也含有石英、高岭土和少量的其他黏土矿物。有些地区可以在氧化土中发现铝土岩矿（铝矿土），通常随之而来的就是不计后果的破坏性开采。氧化土多出现在地势低洼或低平的热带地区，偶尔也会出现在缓坡。氧化土在南美洲尤为多见，热带氧化土总量的三分之二均来自于此，主要分布在源自冈瓦纳基岩的亚马孙盆地的中部和东部，哥伦比亚的西海岸沿线也有分布。非洲的氧化土主要集中在布隆迪、卢旺达、刚果共和国、喀麦隆、加蓬和马达加斯加东部这些同样是由冈瓦纳基岩发展而来的国家和地区。还有一小部分氧化土分布在苏门答腊岛、爪哇岛、马来西亚、菲律宾和泰国。我们可以注意到，在这些热带土壤上，橡胶树、椰子、茶树、可可树的种植极为成功。

另外一种热带土壤的类型就是老成土，也被称为强淋溶土和不饱和强风化黏磐土（按照联合国食品及农业组织的分类方法），其正式名称为红黄灰化土。化学成分上老成土与氧化土相近，均为具有高铝高铁含量的高酸或酸性土壤，而且经受了长期的高度风化作用。在土壤呈高酸性的热带地区，土中所含的铝就会呈现可溶状态，使得土壤具有毒性。老成土的养分较低，几乎没有矿物质，也很少或没有腐殖质或有机物层。和氧化土相似，老成土也具有高渗透性；但与氧化土不同的是，老成土的深层经常会出现既厚又硬的黏土层，增加了其对水土流失的敏感性。老成土呈红色和黄色，排干性好，通常见于缓坡上。其母基岩并非源自衍生出非洲和南美洲氧化土的古老地盾。老成土在亚洲的热带地区占据主导地位，在中国、泰国、老挝、越南和印度尼西亚均有分布。巴西马瑙斯以西的亚马孙盆地也有老成土存在，以及中美洲和巴西的东海岸沿岸，在西非的部分热带地区如塞拉利昂和利比里亚也有发现。老成土很少能转化成农业用地，因为只有用刀耕火种的方式加上长时间的休耕才能保证其有限的肥力，而短暂的休耕期，越来越大的人口压力和对食物需求的加剧，造成老成土完全失去肥力，需要几十年甚至几百年才能恢复。

在较为年轻的基层，尤其是火山活动形成的土层，土壤会更加肥沃。分类体系中属于"新开发土"（新土）——按联合国食品及农业组织划分标准也叫作火山灰始成土或暗色土——的土壤在热带土壤各类型中分布广泛程度排名为第三。这些土壤源自两个类型的火山灰：安山岩火山灰富含养分；流纹岩火山灰肥力较低而硅含量较高。安山岩火山灰形成的土壤有机物含量丰富，具有很高的储水能力，因此土色呈黑色或棕色。这种土壤具有很强的固磷能力，不利于植物生长，因此会影响植被的覆盖。由这种土壤形成的山坡很容易受到水和风的侵蚀。在多雨的热带地区如菲律宾、巴布亚新几内亚和印度尼西亚，新开发土对植被起着重要作用。新开发土也见于中美洲一些区域，加勒比海地区和南美洲的厄瓜多尔，在火山活动对早期地貌起主导作用的西非高地，也会见到新开发土的踪迹。新开发土具有肥沃利耕的特点，因此上述区域的大量土地均被开发为耕地，主要种植咖啡、茶、可可等作物；在南美洲，主要种植可可，亚太地区则为水稻。

热带雨林生物群落中普遍存在其他种类的土壤。新成土（也叫作冲击新成土或石质土）是一种形成时间较早的土壤，多发现于近期冲积平原、陡坡的浅层土壤，偶尔也会出现在肥沃的深层沙地。潮湿新成土（也被联合国食品与农业组织定义为潮湿始成土或潜育土）主要发现于古老的冲积平原、河流沿岸以及中美洲、南美洲、非洲和亚洲的热带沼泽地。在亚洲，数千年以来这种永久处于潮湿状态的土壤一直都用来种植水稻。

热带土壤的其他种类包括肥沃的淋溶土、冲击新成土、岩屑黄绵土和灰土。热带雨林生物群落中还有一些其他种类的土壤，但存在的范围极为有限。

土壤特征

热带雨林中土壤的温度变化甚至比空气的温度变化还要小。地表温度受土壤湿度和气温的影响。在根系层，大约2~20英寸（约5~50厘米）的范围内，温度很少产生波动。在这一范围内，几乎不存在全天或全年内的地表温度循环变化。持久不变的温度给热带植物带来的影响是全年持续的生长期，这与中纬度地区土壤温度变化会给新陈代谢活性带来巨大影响完全不同。

土壤湿度对于热带雨林的结构和稳定性来说，是一个决定性因素。更高的土壤储水能力在热带雨林中至关重要，尤其是那些降雨量不是特别恒定，甚至会引起生态系统水平衡出现亏空的雨林。土壤的储水能力与土壤质地关系极为密切。热带土壤很大程度上接近黏土，其养分和肥力都比较低，却有较高的储水能力。一些陡坡上黏质土壤水分的过度饱和会导致水土流失和滑坡。很少却是很重要的一部分热带土壤被称为沃土，养分和有机物含量都高于黏土，植物根系会扎入更深，倾倒的危险也就更低。热带很少出现沙质土壤，只在亚马孙和刚果盆地以及少数红树林有所例外。

地形是热带雨林生物群落中影响土壤结构和植被生长的一个重要因素。平地和缓坡（坡度在0°~10°之间）占热带地貌的三分之一；这些地区的特点是排干性好。少量的平坦地区排干性较差，因此会形成沼泽或洪溢林。另外的三分之一为波状丘陵地（坡度在10°~30°之间）。最后的三分之一是陡坡（坡度大于30°）。更陡峭的山坡则只有薄层土壤覆盖，经常只有岩石裸露在外。

养分循环与分解

热带土壤对热带雨林生物群落内的养分循环起到的作用极其微小，但是有些土壤能够提供所需的磷和氮。对养分循环做出更大贡献的是土壤上层的植被和生物。活跃的有机物活动不断分解植物掉落的枝叶和死亡的生物，这个分解层的深度可达6~8英寸（约15~20厘米），构成了热带雨林生物群落的命脉。已死动植物的分解由众多的有机物共同完成，可能是昆虫，也可能是细菌和真菌。科学家对于维持雨林生机的细菌和真菌的研究才刚刚展开。

雨林植被通过快速分解林地杂物形成养分循环的方式来适应缺少肥力的土壤，有益的有氧和厌氧菌把无用的化合物转化成植物生长所需的矿物质和养分。对分解矿物质的摄取由根系和与其共生的有益真菌（菌根）共同完成，真菌会帮助植物利用养分。热带植物的根系多半较浅，经常高于地表以最大程度地获取养分。较小的复杂根系会通过菌根真菌形成脉络，能够快速吸收养分供给植物。作为交换，植物的根系为这些微生物提供食物和庇护，这种微生物群还有助于植物抵御干旱和疾病。

植　被

这一古老的生物群落出现在理想的生长环境下：充沛的降水和终年温暖的气候。由于全年都没有规律性的变动，每个物种都衍生出自己独特的开花、结果的时令。

森林不断进化，林内累积了不同形状、大小、长度的众多物种。热带常绿阔叶乔木是最为普遍的生命形态。低层林冠接受的光照十分有限，因此产生了各种成功的生长策略和生长形式，在高出林冠或低于林冠的位置适应各种光线。通常林冠层可以在垂直方向上分为三个层次，在各个林冠层之间，还有各种木本藤蔓植物、兰科植物、凤梨科植物和附生植物。林冠层的三个层次被定义为A层、B层和C层，下面还有灌木层和地表层（见图2.6）。

露生层乔木位于A层，是间距很广的高达100~120英尺（约30~36米）的巨大乔木，其伞状树冠突出林冠层很多。由于要面对能够迅速带

图 2.6 新热带地区和亚太地区低地热带雨林的林地结构。非洲雨林的林地结构与其相似，但树型较小 （杰夫·迪克逊提供）

走水分的强风，叶片通常很小，甚至在干季会有落叶现象。位于第二层的B层由紧密排列的60~80英尺（约18~24米）高的树冠组成，这一层的顶部光照充足，但其底部光照则骤减。C层是第三层，通常也是最后一层林冠，由30~60英尺（约9~18米）高的乔木构成，和B层一起形成密集的林冠，几乎没有空气流动，湿度也非常高。

在这三层之下，是灌木和树苗层，只有3%的光线能够穿过林冠层到达这里。栖息在这一层的树木生长受到极大的限制，但是一旦上层的林冠裂开一个缝隙，小树就会抓住机会迅速生长。这层可以见到很多可以在微弱光线下生长的灌木，通常生有巨大的叶片，去获取任何可以利用的光线。

林地的地表几乎没有任何植物生长的迹象。照射到顶层林冠的光线中只有不到1%能够穿透整个林冠到达地表。在这样的遮蔽之下，绿色植物极难生存。湿度由于受到上层林冠的影响也会大大降低：三分之一的降水在抵达地表前就被拦截。这一层主要是一些蕨类和草本植物，大多已经死亡，并不断腐烂（见图2.7）。

林冠中的各层植被繁杂多样，它们所提供的栖息地也就非常复杂。

图2.7 玻利维亚马迪迪国家公园，林地地表几乎不生长植物 （作者提供）

图2.8 加固基在热带雨林的露生层乔木上极为常见 （作者提供）

生活在每一层的动植物都有其独特的生命形式和生活方式，去适应特定的可利用资源。

热带乔木的共同特征

热带雨林生物群落中的乔木与其他纬度的树木不同，但全球热带森林的树木却具有相似性。共同特征包括光滑的树皮或带有尖刺的树皮、板状树干、大型叶片、和滴水叶尖。还有一点相似的地方就是世界上的热带雨林中都生长着蔓生植物和藤本植物。

加固基　热带雨林中许多露生层乔木在树干根部都有宽阔的木质突出部。原来人们认定这些板状的加固基主要是用来辅助支撑较浅的根系，增加乔木在潮湿泥土的稳固性。近期的研究表明，这些板状加固基还可以参与二氧化碳与氧气交换，引导茎流以及为根系分解养分。加固基能够增加乔木的表面积，以便"吸入"更多的二氧化碳并"呼出"更多的氧气。加固基可高达15~32英尺（约5~10米）（见图2.8）。

大型叶片和滴水叶尖　大型叶片在C层和灌木层植物中极为常见。注定要进入A层和B层的年轻乔木也会生有大型叶片。面积巨大的叶表能够获取更多光线，这在阳光斑驳的低层就显得尤为重要。当这些乔木生长到高层林冠时，新生的叶片面积就会变小。热带雨林植物的叶片通常在顶部或底部会形成一个尖尖的形状，称为滴水叶尖。滴水叶尖能够快速排走落到叶片上的雨水并且促进蒸腾作用（见图2.9）。这种叶形主要发现于低层植物和将进入A层的年轻乔木。

薄薄的树皮　另外一个让热带树种与温带树木极为不同的特征就是极薄的树皮，通常只有0.02~0.07英寸（约0.5~1.8毫米）厚。在温带林地，树木需要较厚树皮的保护，防止水分蒸发。而在热带，湿度对于雨林而言并非限制性因素，也就不需要较厚的树皮。树皮通常很光滑，避免其他植物攀附其生长。一些热带乔木用尖刺来武装自己，防止食草动物的进食（见图2.10）。

图2.9　可以滴水的叶尖可以让植物快速排走叶片上多余的雨水　（作者提供）

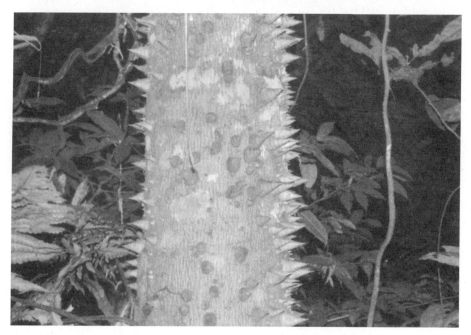

图2.10　许多热带乔木的树干上都会长出尖刺以防受到食草动物的掠食　（作者提供）

老茎生花　老茎生花是热带雨林乔木和蔓生植物的一个特点，并不常见于其他生物群落。老茎生花指的是花直接开在无叶的主干上，而不是开在细枝或较小的枝干上（见图2.11）。许多热带乔木和藤本植物的花都开在无叶的短茎上，或直接开在主干或较大枝干上，而细枝和整个树冠则只具有营养机能。老茎生花有几个类型：有些植物只在主干上开花，称为干花现象；有些则在植物基底部分开花，称为基花现象。

图2.11　可可树的果实为老茎花果类型　（作者提供）

多数老茎生花植物为低矮或中等高度植物，通常为16～65英尺（约5～20米），属于较低林冠层或灌木层。老茎生花乔木多由鸟类和蝙蝠授粉，果实多被无法抵达林冠的大型动物作为食物，在这些动物的帮助下传播种子和萌发新生命。还有一些植物采用老茎生花的原因是果实过于沉重，枝干无法承担。许多无花果（桑科）树就属于老茎生花的方式。

在林冠低层生存取决于植物忍受阴暗环境的能力和获取阳光的生存策略。灌木、藤本植物、附生植物以及非光合作用植物形成特定的生存策略以获取阳光或适应无阳光环境。蔓生植物是热带雨林的一种重要的结构特征，占有雨林生物数量的很大比例，强有力地竞争水分、阳光和养分，它们的果实是热带动物的主要食物。蔓生植物可能垂挂在乔木上，也可能是缠绕植物或攀缘植物。藤本植物为木本垂挂蔓藤，一旦林冠出

图2.12 雨林中有大量的木质藤本植物缠绕在林冠上。拍摄于圣多美岛 （加州科学院罗伯特·德鲁斯博士提供）

现缝隙就会快速沿树干向上生长。藤本植物会像灌木一样在林地底层开始生长，当枝条中伸出的卷须缠绕到邻近的乔木时，藤本植物就开始了通向树冠的旅程（见图2.12）。它们通常都是落叶植物，在较高林冠层的树顶部分开花结果。藤本植物可以横亘几株大型乔木，而主干则始终植根于地表。藤本植物不仅与宿主乔木争夺阳光、水分和养分，还会给宿主增加额外的重量，致使宿主乔木在大风条件下极易倾倒。经常可以看到藤本植物垂挂在林冠的树枝间。

另外一种蔓藤植物被称为"树干攀援者"。这种藤蔓植物也生长于林地表面，并向外散发卷须沿乔木的树干生长。它们长有气生根，把乔木当作支撑，会把树木整个包裹起来。经常有好几种攀援植物蔓藤栖息在同一棵树上。许多攀援植物，包括（非洲）番薯和（南美洲）甜薯的先祖，都会在根或块状茎中储存养分。

植物对于阳光的争夺是致命的。有些藤本植物被称为"扼杀者"，这是因为它们真的能够把宿主乔木勒扼而死。扼杀蔓藤需要阳光才能生长、繁殖，如果种子落到贫瘠的土壤中，很快就会死去；而如果有鸟类或以其果实为食的小动物把它们的种子留在宿主乔木的枝桠处，它们就会像附生植物一样成长起来。这时，种子会生出长长的须根，直达地面，须根迅速变粗，从土壤中吸取水分和养料。随着扼杀蔓藤的成熟，枝条和叶片均向上方生长，形成遮蔽阳光的树冠。而此时的卷须，已经粗如蔓藤，相互拧绕在一起，紧紧缠绕宿主，直至勒死。此外，扼杀蔓藤的根向四外发散，包住宿主的根系与之竞争养分，并全力争取光照。许多扼杀蔓藤属于无花果树（桑科）；其他的扼杀蔓藤包括藤黄科、木兰树（五加科）、树茉莉（茜草科）的植物，有些并不会导致宿主死亡。

附生植物　附生植物（也叫作落地生根植物）依靠其他植物而活。它们并非寄生植物，但它们却与之争夺资源。附生植物依附于乔木的枝干，利用土壤和在树冠间吸取的灰尘颗粒生长。这些颗粒能为其提供钙、磷、钾和其他植物生长所需的矿物质及养分。附生植物能够在林冠内生出庞大的根系，为其储存水分和养料，也可为宿主所用。菌根真菌也经常出现在根系当中，帮助附生植物吸取养料。种类繁多的地衣、苔藓、叶苔、仙人掌和凤梨科植物，以及其他更多未提及名称的植物均属于附生植物。物种多样性研究发现，一棵典型的热带伞冠乔木至少有50种附生植物栖息其上。有些附生植物甚至在其他种类的附生植物上生长。

非光合作用植物　非光合作用植物即异养植物——需要其他生物提供食物的生物——主要生活在林地表面。有些是通过在光合作用植物的根系或茎干吸取养料来生存的寄生生物。大花草，一种藤本植物的寄生植物，有着世界上最大的花朵，直径超过3英尺（约91厘米）。它会散发出一种类似尸体腐烂的味道以吸引花粉虫媒。腐生物，更准确地说，腐食性生物，可能是从腐烂有机物中获取养料的非光合作用植物、真菌以及细菌。其他的非光合作用植物是寄生植物，比如一些借助菌根真菌来获取食物的兰科植物。

全力争取光照

勒颈无花果树科在热带雨林地区大量生长，为热带动物提供了重要的食物来源。每一种无花果树都有一种特定的黄蜂作为其独有的花粉虫媒。勒颈无花果树能够到达露生层的高度，与其宿主争夺空间和光照。一旦寄宿者获胜，宿主就往往会因为无法获得光照，在蔓藤对树干的不断收紧和资源竞争中死去。宿主死亡后，会逐渐腐烂，只留下一个树形的空间，而扼杀蔓藤——曾经的勒颈无花果树——则变成了独立的、壮观的大树（见图2.13）。

图2.13 勒颈无花果树通常会在与宿主的资源竞争中胜出。其宿主死亡后，便会留下一个中空的位置 （作者提供）

我们已经在生存策略和林冠层分布角度提到过植物的适应性。热带乔木和灌木都在不断增强其适应性以便更快地萌发新芽和传播种子。有些会生出既大又新鲜的果实，吸引鸟类、哺乳动物，甚至鱼类充当其传播媒介。肉食动物会捕食吃了果实的鱼类，从而把种子留在新的环境生根发芽。洪溢林中的植物会让果实漂浮在水里。还有的植物适应性体现在加强繁殖策略上，有时还会通过增加被捕食概率的方式。许多热带植物与其花粉虫媒形成了互利共生的关系，要么是通过花朵的颜色、气味或花蜜对媒虫形成吸引，要么是伪装成媒虫的配偶吸引其前来。食肉植物就是通过味道甜美或气味难闻的花蜜吸引被捕食者的。

根　系

生物群落中，森林可能是最为显著的部分，但构成巨大的苍翠繁茂森林基础的却是地下的根系，根系是森林的脊梁。对于热带雨林根系的研究工作尚未开展，但是几种基本的根系类型以及它们所起的作用已经明确。气生根在热带植物中较为普遍，为不稳定的基层提供支撑，并在水浸条件下伸出水面，起到地上呼吸器官的作用。对于扼杀蔓藤而言，气生根首先起到了固定作用，其次是提供食物和支撑的作用。

乔木根系与土壤中微生物间的共栖或互利共生同盟受到了研究人员的更多关注。从腐烂物质到植物的养分循环过程，很大程度上依赖于土壤中微生物群的活动，这种活动会促进分解和根部对养分的吸收。结构复杂但是扎入土壤并不深的根系连成一个宽广的脉络，与微生物群一起利用更大的表面积吸收必要的养料资源，完全能够满足最高的乔木生长所需。

热带植物衍生出了相似的适应性策略。在热带雨林生物群落的每一个地域性介绍中都能够很明显地看到上文讨论的结构和特征。

动　物

对热带雨林动物的研究表明，与其他陆生生物群落相比，热带生物群落展现出了无与伦比的生物多样性。在不到247英亩（约1平方千米）面积的南美洲圭亚那热带雨林中，生存着450种鸟类、93种爬行类，37种两栖类以及70种哺乳动物。世界上其他热带地区也具有类似的生物多样性。而那些与外界隔绝的以及形成于较近年代的热带雨林，如夏威夷和太平洋诸岛、澳大利亚和新几内亚的生物种类则相对较少。在非洲和南美洲热带雨林的一些既定的研究区域，研究报告显示，蝴蝶的种类为300~500种，白蚁和甲虫的种类就更多了。

热带雨林地貌存在着众多的结构、生长形式和物种。栖息地的多样性，加上这些栖息地上的物种采用的不同生存策略，为更多的动物提供了机会；而在具有相同特征、结构更为简单的生物群落，比如草原，动物种类就相对较少。空间分区、食物资源以及行动时机的掌握都强化了林地物种的容纳量。在白昼和夜间分开活动使得不同动物可以在不同时间利用同一块栖息地；动物栖息在不同的林冠层则进一步分化了生存资源，提高容量；相同环境下的不同食物种类选择，如树叶、树胶、树皮、水果、坚果、种子和其他有机体，能够保证在不产生直接竞争的情况下容纳更多种类的动物。例如，在加勒比海地区的特立尼达岛，在同一棵树上栖息着三种唐纳雀，它们在不同的微小环境中找寻昆虫，并没有直接竞争。一种以躲在叶片背面的昆虫为食，另一种靠捕食小蔓藤、细枝和叶柄中的昆虫为生，第三种则从主干中捕获昆虫。这就实现了三个物种共同使用同一个食物来源却没有直接竞争。

哺乳动物、鸟类、爬行类和两栖类的共同特征包括多种对林中生活的适应性。例如，热带雨林中的食蚁兽、穿山甲、一些啮齿类动物、许多猴子和负鼠都进化出了卷尾。动物可以利用卷尾悬吊在树枝上，这就把其他足趾解放出来，可以去捕食、吃东西或者梳理毛发。另外一种对林中生活的适应就是相对于足趾进化，其非常利于攀爬。许多林中动物还会长有适于攀爬枝干的尖利爪子。另外，适应性还包括双眼视野方面，以提高对距离和空间判断的准确度，这在光线昏暗的树木间跳跃时尤为重要。

植物为了吸引授粉媒虫进化出色彩艳丽的花朵和果实，而鸟类羽毛的鲜明色彩足以保证它们能够迅速融入周围的环境中，也能够帮助鸟类在雨林层叠的密集叶片中辨认出求偶对象。喙的大小不同使得鸟类选择不同的食物来源，如果实、坚果、昆虫，甚至是螃蟹。

动物对林中生活产生适应的另外一种体现，当属能够进行林间滑翔的足趾或肉瓣，婆罗洲的动物尤具代表性。会滑翔的松鼠、猫猴、蛇、蜥蜴和蛙类在林冠间来回穿梭，却很少到达地面。沿身体生长的松垮皮肤在足趾向外伸展时形成一个较宽的平面，能够让动物在林间做长距离滑行。

鸟类和灵长类会发出很大的声音，这是在浓密的林冠层内进行交流的需要。新热带雨林地区中的吼猴和亚洲的合趾猿以远距离啼叫的交流方式和不同群体间具有不同的发音方式而著称。这些灵长类通常在黎明和黄昏啼叫。血红金刚鹦鹉的尖声啼叫在远离其群体的林地都能听得到。

有些热带动物的身体上会展现出警告色彩，也被称为警戒色。警戒色会让一个危险、有毒的或者味道令人厌恶的动物极为显眼，易于被捕食者辨认。有些动物具有这种颜色，比如黄黑条间隔的蜜蜂和黄蜂，橘色和黑色相间的甲虫，以及许多亮红色或黄色的毒蛙或毒蛇。警戒色在提醒潜在的捕食者，这些物种很危险或有毒，不应捕食。这些捕食者也学会了回避带有警戒色的生物。

热带动物的生存取决于寻找食物、住所、水源和配偶，以及避免遭到捕食的能力。有一种发现于热带动物身上的适应性策略叫作拟态伪装。拟态伪装实际上是通过模仿其他物种的外形或行为的一种生物互动形式，通常有几种不同的方式。外观相似，或者被称作平行拟态伪装，是几种不同物种采用相同的警告色来表明或警告潜在的猎食者这是一种不可口或有毒的动物。相似的颜色主要是红色、橘色和黄色，常见于甲虫、蝴蝶和其他昆虫。贝特斯氏拟态指的是同科生物中，无害的物种模仿有毒物种的外观以避免遭到捕食，这种方法常见于热带动物。身上无毒的物种对有毒物种拟态伪装就是贝特斯氏拟态的典型例子。也有很多无毒或毒性很小的蛇使用这种方法让自己看上去像是有剧毒的样子，从而使捕食者不敢妄动。无毒的假珊瑚眼镜蛇和毒性很小的珊瑚眼镜蛇与剧毒的珊瑚眼镜蛇极为相似。还有一种生物展现出来的掠食性拟态，是对被捕食者的模仿，以提升捕食的成功率。植物也具有拟态的能力，通常花朵会呈现出与潜在授粉媒虫的配偶类似的气味或外观，也可能与其猎物类似（食肉植物）。

与拟态类似的一种适应性叫作伪装，外表能够通过进化完全融入环境，避免受到注意或捕食，或者进行更为有效的捕食。如果不被察觉的话，猎食者能移动到离自己的猎物更近的地方，反之亦然，伪装得很好的被捕食者很难被猎食者发现。热带雨林中的动物通常呈现绿色或棕色，是为了与树叶和树皮的颜色融为一体。很多昆虫利用伪装来保护自己，竹节虫会伪装成一段树枝，移动非常缓慢或者长时间静止不动。有些昆虫会生出叶片状的翅，甚至有完整的叶脉。蝗虫和蜘蛛会呈现绿色或棕色，与树叶和树皮的颜色融为一体。蛙类也会利用伪装，使自己的颜色和主要生存环境一致。非洲和马达加斯加岛热带地区的变色龙是伪装专家，是一种能够根据栖息地和心情的变换而改变颜色的爬行动物。南美洲的变色蜥蜴在颜色变化能力方面逊于变色龙，也有相似的能力。

热带雨林生物群落的动物种类多到让人难以置信。物种不断进化，占据了不同林冠层所提供的全部小生境。它们利用丰富的资源，结合自身独特的适应性，在雨林生物群落里稳定地繁衍。在不同的热带雨林生物群落分布区域，生物的适应性显而易见，完全不同的物种甚至会采用相同的适应方式。丛林中物种繁多，生物数量庞大，但每一物种的成员总量却并不太多。由于乱砍滥伐和森林的断隔，物种群体的生存环境被限制在很小的范围内，直接导致物种灭绝的可能性大大上升。

热带脊椎动物

热带雨林生物群落中的哺乳动物数量众多、种类繁杂。属灵长类的狨、猴、类人猿等在此栖息，许多还会在雨林的树木间终其一生。大型的啮齿类动物，如无尾刺豚鼠和新热带雨林中的水豚，是其他动物和人类的猎食对象。小型的啮齿类动物如小鼠、大鼠、刺豚鼠、松鼠和豪猪等，都能够充分利用多样化的植被和林冠层在此生存。食虫目生物，如食蚁兽、犰狳、树懒等只栖息在新热带地区，而穿山甲、狐猴和有袋类动物则占据了非洲和亚太地区林地的生态位。食肉动物如美洲豹、黑豹、豹和虎，以及臭鼬、猫鼬和麝猫等是林地中的主要猎食者。

蝙蝠是热带生态系统中重要的组成部分，其种类远远超出其他生物群落，在热带雨林中扮演着花粉媒介、种子传播者和昆虫捕食者的角色。蝙蝠分为两个亚目：大蝙蝠亚目和小蝙蝠亚目。大蝙蝠亚目主要是以水果和花蜜为食的大型蝙蝠，常被称为狐蝠，其栖息地局限在东半球，即非洲、亚洲和澳大利亚。小蝙蝠亚目在世界范围内均有分布，主要捕食昆虫，也会以鱼类、水果、花蜜和血液为食。

澳大利亚和新几内亚，较少情况下也包括南美洲的热带雨林，还栖息着另一种哺乳动物——有袋类。从冈瓦纳古大陆分离开以后，澳大利亚的有袋类不断进化，并呈现出多样化。在这块隔绝开的土地上出于适应性需要而出现的多元化，世界上其他任何地方都无法相提并论。出现在新热带地区的有袋类动物均属年代较近的物种。

热带雨林生物群落拥有所有生物群落中物种最为丰富的鸟类；具有代表性的科的数量和实际发现的种的数量在地区间会有较大差异。目前，新热带地区雨林中鸟的种类最多，亚太和非洲分别排在其后。不同的进化单元（进化群体）占据地理区域繁殖、分化。更为久远的进化年龄、不同类别的栖息地、充足的资源以及独特的多元化食源分类，强有力地保证了物种的多样化。为数众多的林冠层，终年可用的花朵、果实、昆虫和花蜜，以及其他食物来源，热带雨林的鸟类展现出五花八门的种类和行为。在地面生活的鸟类主要以低矮的植被、掉落的果实、昆虫和其他栖息于落叶的生物为食。这些鸟类包括新热带的冠雉、凤冠雉、喳喳雉，非洲的有冠孔雀、珍珠鸡，亚太地区的鸽子、孔雀、鹩鸪、园丁鸟和食火鸡。

南美洲的鹦鹉、金刚鹦鹉、犀鸟和蜂鸟，非洲的蕉鹃、椋鸟和太阳鸟，以及仅见于澳大利亚和新几内亚的凤头鹦鹉和神奇的天堂鸟，色彩极为艳丽夺目，一旦在林地间飞过就会闪耀出让人眼花缭乱的斑斓色彩。有些鸟类，像非洲的织巢鸟、中南美洲的拟椋鸟会把自己的巢穴建在乔木的树枝上，如同悬挂的篮子。还有大量的鸟类，包括雕、苍鹰、鹰、猎鹰和猫头鹰等食肉鸟类，一起构成了热带鸟类种类的集合。

热带雨林的爬行类和两栖类动物，包括蛇、蜥蜴、鳄鱼及蛙和蟾蜍等多见于林地表层，也会出现在林冠。热带蛇类包括毒蛇类，如响尾蛇、眼镜蛇、珊瑚蛇等，绞杀类蛇，如蟒、蚺（包括水蚺），以及网斑蟒和岩蟒——世界上最大型的蛇。藤蛇和其他树蛇也会在林地表面的枯枝落叶和枝叶间游动，甚至会通过水路。这些都是影响雨林中生物生死存亡的重要因素。

热带雨林中生存着多种蜥蜴，包括石龙子、鬣鳞蜥、壁虎、皇冠鬣蜥和巨蜥（世界上最大的蜥蜴），还有非洲和马达加斯加的变色龙。龟和鳄鱼则栖息在河流、沼泽和洪溢林中。

蛙类是雨林中数量最多的两栖动物。热带蛙类多在树上生存，而在水体和林地表面则很少见。蛙类需要始终保持皮肤湿润，这是因为大部分呼吸通过皮肤来完成。雨林高湿的环境和频繁的降雨赋予蛙类更大的自由，既可进入林地，又可逃避许多水中的猎食者。大多数雨林蛙类会把卵产在树上或地面。这种离水的产卵方式避免了以蛙卵为食的鱼虾、水生昆虫及昆虫幼虫的侵扰。蛙类擅长利用热带雨林的多层结构，有些蛙类可以在林冠中的凤梨科植物上栖息、捕食，有些会生出护趾以便攀爬树木。还有许多蛙类和蟾蜍，如亚马孙雨林的箭毒蛙，利用毒性避免遭到攻击。

人类对热带物种的存在和分布影响深远。在人类生存了几百万年的地区，大型动物的生存状况尚可，而在较近年代才成为栖息地的新热带、马达加斯加和新几内亚，陆生动物的数量则迅速减少甚至有很多已经灭绝。人类的活动往往会把物种驱向新的环境（不管是有意还是无意的行为），这些来到新环境的物种往往能够很好地适应下来，只是很大程度地破坏了原有物种的生存状态。

热带无脊椎动物

当前，数量最多、生存状况最好的热带动物要数昆虫了，这一点从昆虫惊人的种类上可以看出。热带雨林的林冠更是昆虫的天地。研究发现，在秘鲁的雨林，一片30平方英寸（约200平方厘米）大小的林冠中就栖息着50种蚂蚁，1000种甲虫以及1700种节肢动物，个体总数超过1万只。单独的一棵雨林乔木上就会生活着1200种甲虫，而一片2.4英亩（约0.01平方千米）面积的林冠中甲虫的数量是其10倍。

另外，许多并非经常在树上活动的昆虫和其他生物，在热带雨林中都把自己的家园建在林冠之中。新热带雨林中，有些蟹类甚至会到离地几百英尺的凤梨科植物上栖息。与此相类似，蚯蚓和涡虫（扁形虫）也把活动范围扩大到林冠系统。蚯蚓对于林冠上土壤和覆盖层的作用非同一般，而这些土壤是附生植物的生存之本。林冠中还可以找到水蛭。生活在林冠里的蚊子远远多于地面。树蝨、叶蝉、螳螂和叶虫等昆虫会进化出让人难以置信的行为、肢体结构和色彩以适应环境。

热带雨林物产

世界上的众多物品都源自热带雨林，包括水果、蔬菜、香料、可可、咖啡、茶、油料、化妆品、香水、室内植物、纤维、建筑材料以及药品（见表2.1）。对雨林物产不可持续的开发和伐林开荒是滥伐的主要原因。而非法砍伐和狩猎带来的是林地和物种的大量损失。

热带雨林的重要物产中包括药品。美国境内使用的制药产品中，超过25%源自热带植物。奎宁用于疟疾和肺炎的治疗，是从新热带地区的金鸡纳树的树皮中提取的。箭毒，大多数肌肉松驰剂中的重要成分，产自亚马孙。其他的药品，包括避孕药、刺激心脏和促进呼吸系统的药物、抑制肿瘤生长的药品、治疗儿童白血病的药品，以及对癌症和艾滋

表2.1　热带雨林物产

热带木材	柚木、红木、紫檀木、轻木、檀香木
室内植物	安祖花、花叶万年青、龙血树、小叶无花果、岳母舌、室内常春藤、喜林芋、鹅掌柴、银瓶凤梨、龟背竹、班叶肖竹芋
纤　维	竹纤维(家具、制篮、地板)　黄麻纤维(制绳)　木棉(绝缘和隔音材料、救生衣)　酒耶叶纤维(绳索、制篮)　苎麻纤维(棉麻纤维、钓鱼线)　藤(家具、枝编工艺、制篮、制椅)
香　料	多香果、黑胡椒、小豆蔻、辣椒、肉桂、丁香、姜、肉豆蔻干皮、肉豆蔻、香草、红辣椒、姜黄
油　料	香叶油(香水)　樟脑油(香水、肥皂、消毒剂、洗涤剂)　椰子油(防晒霜、蜡烛、食品)　桉树油(香水、止咳糖)　八角油(香味剂、饮料、止咳糖)　棕榈油(洗发水、洗涤剂)　广藿香油(香水)　紫檀木油(香水、化妆品、调味品)　檀香木油(香水)　依兰树油(香水)　桐油(木材上光蜡)
树胶和树脂	糖胶树胶(口香糖)　苦配巴香脂(香水、燃料)　柯巴脂(油漆、清漆)　古塔胶(高尔夫球表层)　乳胶(橡胶制品)
药　品	胭脂树(红色染料)　箭毒(外科用肌肉松驰剂)　薯蓣皂苷配基(计生用药、性激素类固醇、哮喘、关节炎治疗)　苦木(杀虫剂)　奎宁(抗疟疾药、肺炎治疗)　利血平(镇静剂、安定药)　毒毛旋花子(心脏病)　马钱子碱(催吐药、兴奋剂)
水　果	鳄梨、香蕉、椰子、葡萄、柠檬、酸橙、柑橘、杧果、木瓜、西番莲果、松果、大蕉、罗望子、橘子
蔬菜和其他食品	巴西坚果、腰果、大洋洲坚果、花生、蔗糖、巧克力、咖啡、黄瓜、棕榈心、秋葵、木薯、木薯淀粉、蛋黄酱、软饮料、茶、可可、苦艾酒

病具有潜在治疗效果的药物，也都发现于热带雨林中。热带植物和其他生物的化学性质及其对人体的作用仍有待于进一步明确。当地人已经有数千年利用热带植物药用价值的历史，我们可以从他们那里获取大量对

热带植物的认知，但遗憾的是，他们的文化，和他们生活其中的雨林一样，都处于濒危状态。

人类的影响

人们在热带雨林定居由来已久。他们利用雨林提供的丰富资源，获取食物和居所，并在几千年的历史中不断通过农耕来改变雨林。当人口较少时，资源的使用具有可持续性，不会对雨林造成过多的永久性影响。但是，当雨林的生存人口不断增长，并有外来的移民搬到雨林内或雨林周边地区定居时，人类带来的影响就极为严重了。焚林、砍伐用以农耕和畜牧以满足当地市场和出口的需要，把曾经的林地变成了不毛之地，需要几个世纪的时间才能恢复。消费市场需要雨林提供木材，于是不可持续性的森林开发活动造成一些树种完全绝迹。对石油、黄金、铜以及其他贵重资源的开采破坏了大片林地，矿物提取的过程更是给土地和河流带来了有毒物质，使其完全无法使用。战争和疾病也会给当地人和雨林带来灾难。狩猎造成动物数量的急剧下降。尽管对雨林破坏程度的现行估计有所变化，但一些地区对雨林的破坏仍在继续，甚至破坏速度仍然很快。亚马孙地区共有180万平方英里（约466万平方千米）的雨林覆盖面积，在过去的几十年中约有24万平方英里（约60万平方千米）受到人类破坏而损毁。贫穷国家的经济发展，他们的外债增长，以及持续的人口快速增长，都对热带雨林的未来形成进一步的威胁。

当地社区、政府和国际机构的共同努力对于减缓雨林的破坏做出了一些成绩。全世界的有识之士正在积极寻求既能支持经济增长又能保证雨林免受破坏的方法。尽管已经对雨林造成严重的损毁，甚至有些雨林已经不复存在，但是对于林地的持续保护和雨林生态的深入研究却刻不容缓，这样才能帮助人们认识到雨林多样性和生物群落的重要意义。可持续地使用热带雨林资源，是热带国家和热带雨林得以生存的关键所在。

第三章
热带雨林的生物群落区域

　　世界上主要的热带雨林生物群落的分布区域较为明显：新热带、非洲和亚太地区。它们之间的主要区别体现在位置、起源、气候、土壤、林地结构和物种构成等方面，相互间的异同与地理因素、气候因素、进化因素和生态因素等有关。几大热带雨林生物群落区域内生存着相同的一些动植物，这反映出在冈瓦纳古大陆解体之前这些物种有着共同的祖先，也能反映出热带雨林曾经广泛地分布在横跨大陆的各个区域（见第二章）。

　　这些历史上的环境变化造成了地区间的差异。显然，各个区域相互隔绝，为物种各自进化出独特的适应性提供了时间和机会，以适应自身的生存环境，新几内亚和澳大利亚北部的动物群落和植物群落就是直观的证明。造山运动同样会把物种隔绝开并创建进一步适应性扩展的路径。气候的巨大变迁限制了物种曾经的广泛分布，使它们孤立起来，走上地方性物种的进化之路（将其限制在起源地）。

　　热带雨林生物群落中，每个地区都具有与众不同的因素。新热带雨林面积最大，动植物的生物多样性居于全球之首。经过长期的隔绝式进化，形成仅对新热带环境具有适应性的动植物物种。

　　三大区域中非洲雨林的面积最小，生物种类也最少。更新世更为凉爽和干燥的气候大大削减了雨林的分布面积。雨林面积的收缩，加上有些地区由单一物种占据主导地位的因素，影响了这一地区的生物多样性。非洲热带雨林的乔木较矮，与其他的雨林相比植被密度也较低，但非洲的灵长目动物种类却最为丰富，同时拥有种类极其丰富的陆地动物，比如象和有蹄类动物。

亚太雨林的乔木中龙脑香科数量最多，这是亚太雨林的一大特色。龙脑香科乔木是热带雨林生物群落中最高的树种，而且喜欢聚集生长。亚洲林地中生存着大量灵长类物种和善于滑翔的动物，而新几内亚和澳大利亚雨林的特色是有袋类哺乳动物和当地色彩艳丽、分布广泛的鸟类。

表3.1介绍了不同区域间在海拔、主要地理特征和生物特征等方面的差异。不同地区经过一段相同的进化史以后，又分别进化，许多动植物却仍然极为相似或占据类似的生态位。在不同地点形成的区域性环境适应表明曾经拥有过的相同栖息地已经被遥远的距离和漫长的时间隔绝开来。

新热带地区的雨林

新热带地区的热带雨林生物群落包括中美洲和南美洲，可以分为三个主要的亚区：大西洋及加勒比海亚区、哥伦比亚的乔科省和亚马孙河及其支流。伯利兹、玻利维亚、巴西、加勒比海群岛、哥伦比亚、哥斯达黎加、古巴、厄瓜多尔、萨尔瓦多、法属圭亚那、危地马拉、圭亚那、洪都拉斯、墨西哥、尼加瓜拉、巴拿马、秘鲁、苏里南以及委内瑞拉等国家的领土范围都包括部分新热带雨林（见图3.1）。

在中美洲，热带雨林并未连接成片，而是从尤卡坦半岛断续地延伸至委内瑞拉北部。在这一区域内，热带雨林更多见于靠近加勒比海的一边，太平洋一边则较少。但是，太平洋一边也存在着大片的热带雨林，尤其是在哥斯达黎加。其余的小面积雨林分布在加勒比群岛上的古巴、牙买加和伊斯帕尼奥拉岛（海地和多米尼加共和国），从某种程度上来说，还包括小安德列斯群岛和波多黎各。

南美洲的热带雨林沿太平洋海岸分布，从巴拿马和哥伦比亚进入厄瓜多尔北部，一个名叫乔科的地区，该地区的降水量在新热带各分区中

表3.1　主要热带雨林区域比较

	新热带	非洲	马达加斯加	亚洲	新几内亚和澳大利亚
地理位置	中美洲,亚马孙河盆地	西非,刚果河盆地	东岸森林	马来亚半岛及周边岛屿	大陆岛
年降水量	80~120英寸(约2000~3000毫米)	60~100英寸(约1500~2500毫米)	80~120英寸(约2000~3000毫米)	大于80~120英寸(约2000~3000毫米)	大于80~120英寸(约2000~3000毫米)
最大国家	巴西	刚果民主共和国	马达加斯加共和国	印度尼西亚	巴布亚新几内亚
特色植物	凤梨科植物,大型乔木种类繁多	存在单一物种优势,乔木种类不多	水果数量不多	龙脑香科乔木处优势地位,多年生,大量水果	原始针叶树,龙脑香树
林冠高度	100~165英尺(约30~50米)	80~150英尺(约24~45米)	80~100英尺(约24~30米)	100~165英尺(约30~50米),露生层乔木达230英尺(约70米)	80~150英尺(约24~50米)
特色动物	小灵长目,大型鸟类,种类繁多	地面哺乳动物,大型灵长类	狐猴,马岛猬	猩猩,滑翔物种,飞鼠	有袋类,单孔类,求偶方式复杂的鸟类,食火鸡

高居首位。世界上面积最大的雨林位于安第斯山脉北段的东部,包括整个亚马孙盆地。亚马孙盆地的面积大致相当于美国本土接壤的48个州的总面积,覆盖了南美洲大陆的40%。亚马孙河流经盆地,这条河的水流量位居全世界第一,长度为世界第二。亚马孙河由1100多条支流构成,其中有17条长度超过1000英里(约1610千米),两条支流(内格罗河与马德拉河)的容量比非洲的刚果河还要大。奥里诺科河是南美洲第二长的河流,流经哥伦比亚和委内瑞拉,最终流入大西洋,雨林位于其盆地之中。

新热带雨林占热带雨林生物群落总面积的45%,现存面积约108万

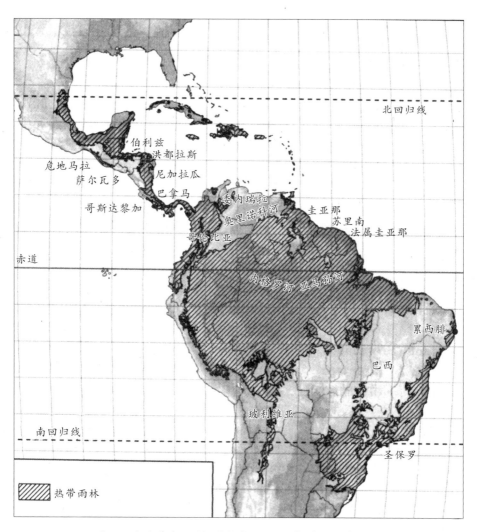

图3.1　新热带地区的雨林分布　（伯纳德·库恩尼克提供）

平方英里（约279.7万平方千米）。世界上最古老的岩层——前寒武纪地盾——构成了这片区域的基础，在新热带地区，前寒武纪地盾表现为巴西或圭亚那地盾。在非洲和亚洲，这一古老的基岩层同样分裂成了很多块。

中美洲和南美洲的热带雨林能够反映出大陆的历史。中美洲是不同年代和来源的地理混合体，在其生物群与南美洲建立起联系之前，主要受到北美洲物种的绝对影响。而现在，中美洲雨林中的生物与南美洲生物的相似度更高。在远古的冈瓦纳超级大陆解体时，南美洲与非洲分离开，随后由于海平面下降而形成的与中美洲和北美洲周期性的连接，才逐渐形成我们现在所见到的动物和植物。另外，安第斯山脉范围的变化也对这一区域产生了影响。正是由于或者并未受到这些重大变迁的影响，新热带雨林的植物和动物呈现出其他任何区域的生物都不具备的特征。亚马孙河与奥里诺科河及其支流覆盖了流经1000英里（约1610千米）的土地，包括巴西、委内瑞拉南部、哥伦比亚东部、秘鲁和玻利维亚，孕育着世界上面积最大生物种类最多的热带雨林。巨大而丰富的森林是无数物种栖息的家园，它们不断进化，完全适应了这里潮湿、炎热、常有洪水泛滥的环境。

亚马孙盆地的生态系统富含多种植被类型，包括雨林、季雨林、落叶林和洪溢林等。亚马孙河及其支流称为这些森林的生命线，其历史对于雨林的发展作用巨大。远古时代各个大陆共同组成冈瓦纳古陆，当时的亚马孙河流向西方，很可能是现在非洲的大刚果河（扎伊尔河）水系的一部分。南美洲大陆板块脱离非洲板块后向西移动，与纳斯卡板块产生冲撞。于是在板块运动的作用下，大约1500万年前形成安第斯山脉。亚马孙河变成了一个巨大的内陆河，后来逐渐转变为沼泽。大约1000万年前，历经多年的高温多雨，水流不断作用于砂岩地表，亚马孙河逐渐改为东流，因此生成了亚马孙雨林。在一系列的气候变迁以及冰川作用下，世界雨林面积不断扩大或收缩。一些研究者认为，在干旱时期亚马孙雨林很可能大部分转化成了热带草原或热带季雨林，只留下小面积的冰期生物种遗区。冰川时期结束后，林地面积迅速扩大，并融合这些冰期生物种遗区，但这些区域内仍保留了一些隔离状态时的物种。这种理论给新热带雨林令人惊讶的生物多样性做出了合理解释。

乔科雨林是世界上最后的海岸雨林之一，位于巴拿马、哥伦比亚和厄瓜多尔北部的太平洋沿岸，被公认为生物多样性的热点地区，是各种类植物和动物的聚集地，聚集了1.1万种植物，900种鸟类和至少100种已经命名的爬行动物，其中多个物种为当地独有。乔科雨林的降水量高于亚马孙雨林，有些地区的年降水总量高达630英寸（约16000毫米）。因为安第斯山脉在地形构造上的作用，乔科雨林与亚马孙雨林完全被隔离开，从而经过漫长的进化形成其独具一格的物种。

气　候

新热带雨林长年呈现炎热潮湿的气候，白天的平均气温约为88°F（约31℃），晚间气温降至72°F（约22℃）左右，湿度从未低于88%。新热带雨林的雨量极为丰沛，全年降水量为80~120英寸（约2000~3000毫米）。降雨的主要成因是信风和热带高压带的共同作用，以及雨林内蒸散作用形成的对流雨。乔科雨林的年降水量可达157~315英寸（约4000~8000毫米）。

新热带雨林对全球的气候调节具有重要意义。光合作用对于二氧化碳的吸收如同一个巨大的散热器，一旦雨林遭到破坏，它所提供的散热功能也就不复存在了。

土　壤

新热带雨林的土壤种类也非常丰富，基本上可以分为三大类：氧化土、老成土和新开发土。新热带土壤约有50%为氧化土，土色深红或深黄，并不肥沃。三分之二的氧化土发现于南美洲，主要是受圭亚那和巴西地盾（前寒武纪基岩的残留部分）影响的地区。整个亚马孙平原和哥伦比亚太平洋沿岸地区均有氧化土的分布。另一种新热带的深度风化土壤——老成土，主要分布在亚马孙盆地以及中美洲和巴西的东海岸。这两种热带土壤均含有较高的黏土成分，在湿润的气候条件下非常湿滑，容易受到侵蚀。新热带土壤大约有32%是老成土。

其他的土壤类型包括新开发土、新成土和淋溶土，其中新开发土所占比例最高。新热带地区半数的新开发土分布在大河沿岸的冲积平原，其余的新开发土来自火山活动。新开发土比氧化土和老成土都要肥沃。

亚马孙盆地有一种独特的白色沙土，历经风化的古老巴西和圭亚那地盾以及海岸沙滩都是这种沙土的来源。这种土壤经过几百万年的风化作用，矿物质含量很少，非常贫瘠；排水快，养分少。一种独特的，被称为卡丁加的林木就在这种土壤上生存，但一经移植，就无法恢复生长。我们将在第五章"热带季雨林的区域介绍"中进一步介绍卡丁加群落。

新热带的土壤基本上都具有肥沃程度较低、缺乏有机物和养分的特点。有趣的是，近期的研究证实，撒哈拉的沙子会横跨大西洋来到新热带雨林，给当地的土壤增加养分。

新热带雨林地区的植被

新热带雨林地区整体上的植被结构和外观与其他雨林类似（见第二章）。但是，雨林中的特色植物和动物物种却有所差别。三个林冠层和两个地被层的垂直结构具有典型性。在林冠层之间，伴生着大量的木本藤蔓植物、兰科植物、凤梨科植物和附生植物（见图3.2）。

林地结构

新热带雨林生有一些世界上最高的乔木。露生层乔木的分布间距很大，平均高度为100～165英尺（约30～50米），最高的乔木出现在低地热带林。有些露生层乔木可达到300英尺（约90米）的高度，但是由于持续的乱砍滥伐，这样的高大乔木现在已经越来越难见到了。由于经常要面对高空干燥的强风，叶片通常很小，有些种类甚至在短暂的干季会呈现半落叶状态。新热带雨林中的许多乔木的枝干呈辐射状向四周伸展，

图3.2　热带雨林沿马迪迪河覆盖玻利维亚的大部分区域　（作者提供）

形成扁平而巨大的树冠，就像雨伞的辐条一样。这种适应性给乔木提供
了最大的表面积以争取光照，最大限度地减轻了植株本身的遮蔽效应；
而如果林冠较低的话，这种效果就无法实现。邻近的树木之间对光照的
竞争会形成这种扁圆形树冠的外形。B层由紧密排列、高度在80英尺
（约25米）左右的树冠组成，这一层的顶部光照充足，但其底部光照则
骤减。该层中生长着大量的木本藤蔓植物和附生植物，构成这一层的生
物量主体。C层由高度在60英尺（约18米）左右的乔木组成，几乎没有
空气流动，湿度也非常高。

　　新热带地区雨林的特点是植物和动物种类具有极高的多样性。除了
乔木以外，雨林中其他的植物种类也异常丰富。研究地被层植物的学者
发现，新热带雨林中藤本植物的种类远远多于非洲和亚洲的雨林。许多
对单个林区展开的评估报告均在其研究区域内发现了种类各异数量繁多
的个体物种。估算的植物物种数量变化范围从波多黎各雨林的每2.5英

亩（约0.01平方千米）105种到厄瓜多尔雨林的每2.5英亩（约0.01平方千米）900种。丰沛的降雨量是促成物种高多样性的积极因素。

露生层也出现了很多树种，其他雨林具有的物种如凌霄花（紫葳科）和巴西坚果（玉蕊科）等，在新热带雨林中则具有更为丰富的物种。其他在林冠层出现的植物包括轻木（锦葵科）、木棉（木棉科）、豆类（蝶形花科）、无花果（桑科），以及咖啡（茜草科）和棕榈（槟榔科）等。

热带乔木的树皮色彩多样，颜色深浅不一，有的带有斑点，有的表面平滑，厚度也不同。木质一般较硬，密度很大，防止大量食木白蚁的侵袭。树皮通常很光滑，避免其他植物攀附其生长。有些树种的树皮很奇特，例如奇可树（见图3.3）。奇可树的树皮为棕色，带有灰色的斑点，光滑度一般，上面有很深的缝隙。人们在奇可树的树皮上划出深深的切口，把流出的黏质树液提取出来。在人工合成的替代品出现以前，奇可树胶是口香糖的主要原料，现在仍然应用于天然口香糖的制作。

新热带雨林中的乔木在树干根部都有宽阔的木质突出，叶片多为椭圆形，而且有尖尖的滴水叶尖，能够快速排

图3.3 人们从奇可树（铁线子属奇可）上采获树胶，树上割出深长的切口以便树液流出 （作者提供）

走落到叶片上的雨水并且促进蒸腾作用。多数叶片的叶肉厚实，蜡质，生长已超过一年。处于林冠低层的乔木通常会生有大型叶片。面积巨大的叶表能够获取更多光线，这在阳光斑驳的低层尤为重要。一旦这些乔木抵达高层林冠，新生的叶片就会变小。

近些年新热带雨林的实地调研工作刚刚开始，作为先驱的研究人员，利用新技术在林冠中攀援、调查，记录新发现物种，记载生物在高层林冠间的互动。这些研究人员经常需要向高处攀爬，忍受暴雨强风和随时可能倒伏的大树，以及其他的潜在危险。

他们发现林冠中有着极为丰富多样的开花树木、兰科植物、凤梨科植物、藤本植物和其他喜光植物。除了种类丰富的植物外，还有各种类别的昆虫、节肢动物、两栖动物、鸟类、蝙蝠、啮齿动物和其他哺乳动物终身生活在高层林冠中，其中大多数从未到达过林冠表面。有些长有巨大林冠的乔木上甚至能够生存200种兰科植物和1500种其他附生植物。一层林冠实际上意味着许多层的附生植物、凤梨科植物、藓类植物、地衣、地钱和藻类，它们覆盖了所有的结构性表面，包括乔木、树枝、木本藤蔓植物等，甚至包括动物的体表，比如树懒。

阳光几乎无法穿透林冠层，因此灌木能够适应在低光照条件下生存，这种适应在地被层植物中很常见。地被层植物包括经常能够在乔木层中发现的物种，如棕榈、豆类、咖啡科，以及被局限在低层的其他物种，如野牡丹（野牡丹科）、菊（菊科）和胡椒树（胡椒科）。海里康、安祖花、陆生凤梨和蕨类也常见于地被层。大树的倒伏会在林冠中产生一个缝隙，提供范围有限的强光照，给善于利用这样突发光线的地被层植物提供一个暂时繁盛的机会。林冠类幼树和树苗会在缝隙中快速地生长。

花和果实

一年之中的任何时候来到新热带雨林，都将是一个花和果实的盛会。热带雨林的花色彩艳丽、气味芬芳，通常花冠很大。在恒定的白昼在新热带雨林，菠萝科附生植物（凤梨科）最常见，数量最多。凤梨花开在中部的蔓藤上，多为浅红色，吸引蜂鸟来进行授粉。叶片在短茎上层叠形成叶丛，在基部形成盆状的收集部分，用来聚集水和杂物，招引生物在此安家，包括蚊子、蜘蛛、蜗牛、蛙类、蝾螈，甚至处于某个生命周期的螃蟹。凤梨科植物给雨林动物带来大量好处，为哺乳动物提供花粉、花蜜和果实，还为猴子和其他动物提供饮水。凤梨科植物的起源和分布都在新热带地区，仅有一种出现在非洲。有些凤梨科植物生长在地面，但大多长于高大乔木的树枝间。

长度和丰沛的雨量共同影响下，热带雨林并没有固定的开花期。热带花朵呈现出各种不同的颜色、大小、形状和香味，以便吸引合适的花粉虫媒。红、橙、黄色的花朵会吸引鸟类进行授粉，蜂鸟会给新热带的大量植物授粉。淡紫色的花朵通常是虫媒授粉。有些由蛾和蝙蝠授粉的花在夜间开放，比如木棉。有香味的花对蜜蜂、蛾和其他昆虫具有吸引力。而由动物媒介（鸟类和蝙蝠等）授粉的热带乔木通常长有巨大的花冠，蜜含量也很高。果实的大小分为小型、中型和大型。大型果实和种子在热带地区更为普遍。棕榈科，如椰子，结出的就是巨大的果实，内含木质的坚硬种子。

乔木的根系

热带乔木通常长有气生根，为基层提供稳定的支撑，并在水浸条件下起到地上呼吸器官的作用。可迁棕榈生有高跷状的根，可以移动以充分利用阳光（见图3.4）。这些气生根能够让树基提升3.2英尺（约1米）的高度，能够"走开"躲避危险。迁徙棕榈不断向外发散气生根，落地生长后迁徙棕榈就缓慢离开原来的生长位置，而树干的底端和老根在迁

徙棕榈"走开"后便被
遗弃腐烂。高跷状的树
根上遍布大型尖刺，防
止攀爬植物和食草动物
的侵害。

洪溢林

　　亚马孙河落差极小，
很难把全年内的降雨全
部通过河道运送出去。
出于这个原因，某些地
势较低区域的水位可深
达24英尺（约7米）。在
雨量充沛的季节，亚马
孙盆地的森林会遭受严
重的洪水袭击，由此产生
了两种主要的季节性洪
溢林：低地雨林（igapo
forest）和瓦尔泽森林
（varzea forest）。低地雨

图3.4　可迁棕榈（walking palm）非常适应潮湿环境
（作者提供）

林生长在黑水河沿岸，河水养分匮乏，其颜色在腐殖质作用下呈现黑
色。瓦尔泽森林沿白水河生长，河水中含有从安第斯山脉上冲刷下来的
养分丰富的沉淀物。因此瓦尔泽森林比低地雨林的物种更多。两种林地
内的树木都适应了每年必会出现的洪水，生长出厚厚的保护性树皮。一
旦叶片处于水下，就会停止新陈代谢，但是并不会脱落，水面以上的部
分会继续开花结果。很多植物都依靠洪水的作用传播种子，橡胶树就是
依靠以果实为食的鱼类传播种子的。

新热带雨林地区的动物

新热带雨林地区中的生物种类多到让人难以置信的程度。可以说，如果没有新热带地区的雨林，全球的动物种类将会大大减少。复杂的林地结构，多样化的栖息地，种类纷繁数量充足的叶片、花朵、果实和种子足以让新热带地区雨林容纳大量动物。动物和鸟类要比植物更具移动能力，因此也能够更大程度地利用雨林中的不同层次结构。大部分动物都对雨林的某个特定部分产生了适应性并长期栖息，很少会出现在林冠和林地底层间不断转换的情况。树木给多数鸟类提供了家园，猴子、树懒、松鼠、大鼠、小鼠、蛙类、蛇类、蜥蜴以及众多的无脊椎动物都以树木为家。在雨林中的鸟类、哺乳动物、爬行动物和两栖动物身上，经常可以见到为适应在林间自由移动而具备的特点：体型小巧、四肢长、生有皮瓣等。

其他动物，如不会飞的鸟类、貘、有些蛇类，以及无脊椎动物，终其一生都生活在地面上。大型动物，尤其是食草动物，较为稀少，主要是因为果实过快的分解过程和很少有植物可以在阴暗的林冠阴影中生长，导致地表的食物来源极为有限。我们现在所见到的新热带地区雨林，是由千百万年来地质、气候和生态变迁积累而成的。

哺乳动物

热带雨林中栖息着数量上远远超出其他生物群落的哺乳动物。在新热带已经确定名称的500种哺乳动物中，超过60%是南美洲独有的动物，包括阔鼻猴、食蚁兽、负鼠，以及所有现存的树懒。有些具有极高的专门性，进化出卷尾、尖爪、别具一格的沟通方式和极强的跳跃能力等适应性本领；有些则是多面手，食物来源极广，无论是地面的、树上的，还是水里的食物，全部收入腹中。

新热带雨林中的众多哺乳动物都对林中生活极为适应，进化出有利于在树枝间、林冠间悠荡、攀爬的卷尾和超长的肢体。另外，灵长类、豪猪和树懒等动物的足趾相对长，加上锋利的尖爪，特别有利于攀附在树枝上。另外，双眼可以在浓密的雨林中看物更清楚，对纵深距离的感知具有更高的准确度，这是在光线昏暗的树木间跳跃时的一大优势。其他对于雨林生活的适应性包括形成多种捕食方法，或对身体某一部分的改变以利于不同资源的使用等。举例来说，食蚁兽的长舌让它们能够吃到深藏在原木内的昆虫。树懒的颚和牙齿非常便于咀嚼树叶，这是它们的主要食物来源。雨林中的豪猪具有强大的颚，可以啃食树皮。

哺乳动物的分布是地质史、生物史和进化史相结合的结果。到上白垩纪和下古新世的时候（6500万年前），南美洲和南极洲及澳大利亚从非洲大陆分离出来，南极洲继续向南漂移，澳大利亚向东，南美洲则独立出来，在随后的5000万年中始终保持着当时的状态。在此期间，南美洲大陆上进化出几个本土的哺乳动物的目，现在大多都已灭绝。只有异关节类动物（贫齿目），包括食蚁兽、树懒和犰狳存活下来。其他的新热带哺乳动物，包括灵长类、有袋类和啮齿类，则与其他大陆上的生物有着亲缘关系。

安第斯山脉的隆起是新热带雨林地质史上的另外一件意义重大的事件，山脉的抬升对气温、气候和高海拔地区的水文情势均有影响，形成一个巨大的气候和生物隔离带伫立在低地雨林边缘。还有一件重要的新热带生物地理学事件发生在大约700万年前，当时巴拿马地峡升出海平面，在南美洲和北美洲之间建立起相互交流的桥梁。在犰狳、灵长类和有袋类向南移动的同时，松鼠、鹿、西貒、啮齿动物和肉食动物等向北迁移（见图3.5）。陆桥的出现伴随着海平面的波动而变化。新热带雨林的动物群体是原始分类学相关性、短暂性陆桥的出现、近世的隆起运动和气候变化共同作用的结果，其间涉及的不仅有在南北美洲各自进化的物种，甚至还有源自冈瓦纳古大陆的物种。

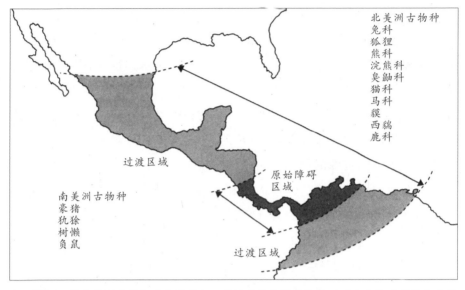

图3.5　南北美洲生物大迁徙过程中，哺乳动物和其他生物可以自由地在中美和南美地区间迁徙　（杰夫·迪克逊提供）

新热带地区雨林的哺乳动物包括有袋类和有胎盘类哺乳动物（见表3.2）。有袋类是在育儿袋中养育幼崽的一种哺乳动物。新热带雨林中全部的有袋类都属于负鼠科——美洲独有的动物，北美洲有1种，中美洲和南美洲约有70种。全部的10个负鼠属均在新热带雨林中栖息，包括袋负鼠属、绵毛负鼠属、黑肩负鼠属、粗尾负鼠属、短尾负鼠属、鼠负鼠属、水负鼠属和四眼负鼠属等。

树懒每天花去大量时间在树冠中部和上部，悠然自得地倒吊在树枝上或者在枝杈间的巢里睡懒觉，以树叶、嫩芽和果实为食，每天休息时间达到20小时以上。

树懒的体毛粗长浓密，呈灰褐色，与树皮的颜色相近。由于通常是倒挂在树上，树懒的毛发从肚子——而不是像其他动物一样长在背后——中间的一条线分开成绺逆向生长，这就使得树懒的皮能很快排走雨水。浓密的体毛之下，是厚厚的皮，保护树懒不怕受到蚂蚁的叮咬，这种蚂蚁总是力图保护树懒很喜欢光顾的乔木，例如西哥罗佩树。三趾

表3.2 新热带地区雨林中的哺乳动物

目	科	常用名
有袋总目(后哺乳下纲)		
有袋目	后哺乳亚纲	鼠(鼠儿)
有袋总目 负鼠目	负鼠科	负鼠
有胎盘哺乳动物		
偶蹄目	鹿科	鹿
	西貒科	西貒
食肉目	犬科	鬃狼,山狐
	猫科	美洲狮,豹猫,山猫
	鼬科	鼬鼠
	浣熊科	长鼻浣熊,浣熊,卷尾袋貂
有袋下目	属贫齿目 甲亚目	犰狳
翼手目	鞘尾蝠科	鞘尾蝠
	蜂翼蝠科	烟蝠,狂翼蝠
	巨耳蝠科	假吸血蝠
	犬吻蝠科	犬吻蝠
	髯蝠科	妖面蝠
	长腿蝠科	长腿蝠
	兔唇蝠	兔唇蝠
	叶口蝠科	西半球叶鼻蝠
	盘翼蝠科	盘翼蝠
	蝙蝠科	暮蝠
兔形目	兔科	兔
奇蹄目	貘科	貘
贫齿目	食蚁兽科	食蚁兽
	树懒科	三趾树懒
灵长目	青猴科	叶猴
	蜘蛛猴科	吼猴
	悬猴科	僧帽猴
	僧面猴亚科	伶猴,僧面猴,秃猴
啮齿目	兔豚鼠科	无尾刺豚鼠
	豚鼠科	天竺鼠
	刺豚鼠科	刺豚鼠
	棘鼠科	棘鼠
	美洲豪猪科	西半球豪猪
	水豚科	水豚
	鼠科	东半球鼠
	松鼠科	松鼠
鼩形目	鼩鼱科	鼩鼱

树懒生有长长的利爪，可以牢牢抓入树干，也能在受到威胁时划伤敌人。

虽然树懒是严格意义上的树栖动物，它们也会每周来到地面上排便一次，或者移到另一棵树上去。在地面上的时候，树懒极易受到天敌美洲豹和水蚺的攻击。更为强大的捕食者是停留在露生层乔木上并已锁定树懒位置的大鹰，大鹰会迅速俯冲下来用其利爪迅速抓住树懒。

在多雨的季节，树懒的毛会变成绿色，这是因为一种蓝绿色的藻类长在它的背上。随着这种藻类，螟蛾也来到树懒的毛发内安家，并以藻类为

最后的贫齿目

异关节类哺乳动物的起源可以追溯到下第三纪（6000万年前），稍晚于恐龙灭绝的时期。这个群体主要分为三个科：食蚁兽、树懒和犰狳。它们是南美洲大陆与其他大陆完全隔离的状态下进化出的全部物种中仅存的三个科的生物。毫无例外，所有这三个科的生物都仅存于新热带地区，而且食物结构完全特化：主要以白蚁、蚂蚁或林冠中的树叶为食。

三个属和四个种的食蚁兽仅存在于新热带雨林，分别是大食蚁兽、环颈食蚁兽和小食蚁兽（同属），及侏食蚁兽（pygmy anteater或silky anteater）。食蚁兽没有牙齿，但是有长长的管状的鼻子，富有黏液的舌头能够灵活伸缩舔食昆虫。

树懒科的两个属，三趾树懒和二趾树懒，是新热带雨林独有的动物。目前已确定的有五种：褐喉三趾树懒和白喉三趾树懒在新热带雨林分布最广，鬃三趾树懒的分布区域仅限于巴西大西洋沿岸地区。二趾树懒有霍夫曼二趾树懒，主要分布在中美洲和南美洲，也有少量分散在南美洲的秘鲁，还有南美洲的南方二趾树懒，这种动物在世界上其他任何地区都未曾发现。异关节类也包括八个科的已经灭绝的地树懒和类似犰狳的哺乳动物，如大树懒和上新世的雕齿兽。

食。螟蛾在树懒的粪便上产卵，并在那里孵化、生长、发育成成蛾后，再去寻找下一个树懒宿主。除了螟蛾外，还有其他的节肢动物寄生在树懒身上，包括苍蝇、螨虫和甲虫。

树懒在雨林中的栖息地遭到破坏，因而处于濒危状态。尤其在巴西，林地被毁的速度极快，树懒的生存前景非常令人担忧。

新热带地区会出现以下几种犰狳：大犰狳、北方和南方裸尾犰狳、黄犰狳，还有三种不同的长鼻犰狳。除了九绊长鼻犰狳通常见于美国南部之外，其他的犰狳种类都栖息在中美洲和南美洲。与食蚁兽类似，犰狳的食物结构也比较单一，主要有蚂蚁、白蚁和其他林地昆虫。大型犰狳多被猎杀食肉，小犰狳的甲可被制成南美洲的一种弦乐器。

新热带地区雨林的蝙蝠种类极多，而且是新热带数量最多的哺乳动物，占动物总量的39%。新热带的蝙蝠都属于小蝙蝠亚目，这类蝙蝠使用声呐或回声定位。它们用嘴或鼻发出高频声波，然后根据收到的回声判断周围环境。多半蝙蝠都是在夜间活动。

灵长类是另外一种常见的新热带哺乳动物。四个新热带的科构成了一个很著名的群体，被称为阔鼻猴。这四个科是：西半球猴科（悬猴科），包括狨和小绢猴；松鼠猴和僧帽猴；叶猴和枭猴（青猴科）；吼猴、兔猴、蜘蛛猴和绒蛛猴（蜘蛛猴科）；伶猴、僧面猴和秃猴（狐尾猴科）。阔鼻猴与亚洲和非洲的灵长类并不一样，阔鼻猴的鼻口部较短，面部扁平无毛，鼻孔分隔较远并开向两侧。身材短小，但后腿较长（见图3.6）。阔鼻猴的起源存在广泛争议。有些学者认为阔鼻猴源自非洲的古老祖先，是美洲大陆和非洲大陆分离之后进化成的新热带物种。还有的则认为阔鼻猴的起源较近，虽然来自非洲，却是经亚洲和北美大陆进入南美洲的，当时的北方板块具有更多热带环境特点，为这次迁移提供了便利条件。

多数新热带猴生有长尾，即使不是完全树栖，也会大部分时间栖息在树上。许多新热带猴长有卷尾（不同于其非洲同类），有助于行动并

图3.6　松鼠猴常见于新热带地区的雨林，但其数量因滥伐森林而日渐减少。图中为玻利维亚的松鼠猴　（加雷斯·贝内特提供）

增强稳定性。灵长类是伞冠乔木和藤本植物最重要的传播种子的媒介，在连续不断的雨林栖息地中，很多种子会被传播到极远的地方。

　　狨和小绢猴是小型灵长类动物，头上一般长有一簇穗状长毛或鬣毛；指甲和趾甲被尖爪替代，有长尾但非卷尾。狨和小绢猴以水果和昆虫为食，栖息在浓密的林冠中。松鼠猴和僧帽猴是体型中等的树栖猴，喜白天活动，以水果、树叶、昆虫和一些小型脊椎动物为食。松鼠猴没有卷尾，而僧帽猴有。叶猴或枭猴是美洲唯一在夜间活动的灵长类动物，以水果、昆虫及花蜜为食。叶猴经常出现在人类聚居地附近。

　　伶猴、僧帽猴和秃猴是体型中等的树栖猴类，食物结构特化，喜白昼活动。它们通常长有粗大的尾巴，但并非卷尾，常常垂于树枝间，从林地下方很容易就能发现。这个群体的栖息地仅限于亚马孙盆地和圭亚那。2005年在玻利维亚的马迪迪国家公园发现了伶猴的一个新种，叫作

夜间生物

　　黄昏时分漫步于林地，毫无疑问会见到飞行动物。新热带雨林共有9科75属的蝙蝠，其中5个科是当地物种：大耳蝠、狂翼蝠、吸足蝠、兔唇蝠和叶鼻蝠。叶鼻蝠还分为五个亚科：矛吻蝠、长舌蝠、短尾蝠、果蝠和吸血蝠。另外四科为鞘尾蝠、怪脸蝠、髯蝠或裸背蝠和犬吻蝠或獒犬蝠。

　　蝙蝠占据了相当广泛的生态地位，能够替代食果动物、食蜜动物、食肉动物、杂食动物甚至嗜血动物的生态作用。蝙蝠还对调节新热带地区昆虫数量、进行授粉和传播种子起到关键作用。

金殿猴（the Golden Palace monkey），是由一位保护区基金网络筹款拍卖的获胜者命名的。

　　蜘蛛猴、兔猴、毧蛛猴以及吼猴是长有完美卷尾的大型猴类。蜘蛛猴和兔猴喜欢借助臂和卷尾在树枝间飞荡。蜘蛛猴的臂和尾都极长，在这个群体中最有杂技天赋。蜘蛛猴跳跃的距离可以达到30英尺（约9米）。吼猴动作缓慢甚至长久坐立不动。它们具有极为复杂的林冠间的交流方式。清晨或者黄昏时，吼猴的叫声甚至可以传出10英里（约16千米）远。新热带雨林的这些大型猴类通常被大量捕杀作为肉食，因此大多数量稀少或濒临灭绝。它们的栖息地也受到伐林毁林或被分隔成块的威胁，严重限制了它们寻食和觅偶。

　　貘是新热带雨林中唯一的一种生有奇数趾（奇蹄目）的有蹄类动物。世界范围内貘科由唯一的一个属四个种构成。其中三个属栖息在新热带地区，是西半球仅有的现存本地奇蹄类动物。貘的体重可达670磅（约300千克），是新热带雨林中体型最大的陆地动物。貘是食草动物，每天需要大量的植物食源。它们生有卷鼻，能够卷住拔起植物。巴西貘和贝氏貘都在雨林内栖息，巴西貘的分布范围包括南美洲安第斯山脉以东、从哥伦比亚北部到巴西南部、巴拉圭和阿根廷北部地区。贝氏貘则栖息在更向北的中美洲和南美洲地区，从墨西哥南部，经巴拿马和安第斯山脉以西直到哥伦比亚北部和厄瓜多尔（第三种是山地貘，很稀少，仅限于赤道附近安第斯山脉、哥伦比亚、厄瓜多尔和秘鲁的高海拔地区）。偶数趾动物（偶蹄目）有两个科的代表，西貒和鹿。西貒体型中等，形如小猪，头部较大，有猪状的拱鼻，颈粗，矮胖且几乎无尾。它们喜欢白天活动，以水果、坚果、植物、蜗牛和其他小动物为食。西貒仅在美洲栖息，在中美洲和南美洲至阿根廷的雨林中可以见到花斑西貒和白唇西貒（花斑西貒移至更加干燥的美国德克萨斯州和亚利桑那州）。第三种是稀有的查科西貒，生活在阿根廷北部的大查科、玻利维亚西南部和巴拉圭西部（见第五章）。

新热带雨林中鹿科的代表是栖息在中美洲到南美洲的南美红小鹿，和分布在巴拿马到南美洲安第斯山脉以东的棕小鹿或灰小鹿。雨林鹿科一般比较矮小，喜白昼活动，以树叶、落果和花为食。

啮齿类动物（啮齿目）分布广泛，种类繁多，是现今世界上类别最多的哺乳动物。出现在新热带地区的三大主要类别是松鼠、大鼠和小鼠、豚鼠形啮齿动物或豪猪类啮齿动物（世界上体型最大的啮齿动物）。

栖息地的地理位置不同，松鼠的毛色和图案会有很大区别。新热带地区已经确认的松鼠有18种，均为树栖，喜白昼活动，有些松鼠的觅食地不仅是在树上，也包括地面。它们通常以果实、花、坚果、树皮、真菌和昆虫为食。大多有严格的分布地限制。

草鼠、小囊鼠、墨西哥鹿鼠、长鼻鼠、小家鼠、禾鼠、小刺毛鼠、稻田鼠、林鼠、盔棘鼠、攀鼠、食蟹鼠、刺毛鼠、竹鼠和树鼠等只是众多当地鼠类中的一小部分。啮齿类动物占据多种生态地位，以各种果实、植物、真菌和无脊椎动物为食。啮齿类动物的生存方式包括水栖、陆栖以及完全树栖，许多种类分布区域具有局限性，但其他种类在中美洲和南美洲雨林中较为普遍。

最大的新热带啮齿动物包括豪猪和类天竺鼠哺乳动物：刺豚鼠、无尾刺豚鼠、有尾刺鼠，以及最大的啮齿类动物——水豚。大多数豪猪为树栖类，喜欢夜间活动，而类天竺鼠哺乳动物则为陆生，喜欢白天活动。刺豚鼠、无尾刺豚鼠和有尾刺鼠白天和夜间都会觅食。半水生的水豚多白天活动，但在遭到大面积捕杀的地区则会变为夜间活动。

热带雨林中只有一种兔类，巴西兔。夜间活动，陆生，体型矮小，以草和小型植物为食。

食肉动物对于调整猎物的数量起着非常重要的作用。数量众多的犬科、浣熊、臭鼬和猫科动物都是杂食动物，依靠昆虫、水果、树叶和捕获猎物为生。大多选择食物具有随机性，并非单纯寻觅某种特定的捕食对象。

对于中南美洲的薮犬和南美洲的短耳犬我们知之甚少，但两者均白天活动。短耳犬极有可能独自猎食，而薮犬通常组成二到四只的小群体去共同捕猎。

浣熊科包括两种浣熊，两种长鼻浣熊（南美浣熊）——蜜熊和环尾猫熊。这种树栖动物通常在夜间活动，以林地表层和林冠中的水果、无脊椎动物和小动物为食。在树上的巢穴中育崽。北方浣熊和食蟹浣熊为陆生，通常在夜间活动，善于攀爬，遇到捕食者则上树逃生。两种长鼻浣熊的分布具有局限性。白鼻浣熊的栖息地始于美国得克萨斯州和亚利桑那州，经中美洲直至哥伦比亚、厄瓜多尔和秘鲁的海岸，及南美洲西北部的尖端。南美长鼻浣熊多见于安第斯山脉以东，覆盖哥伦比亚和委内瑞拉南至阿根廷和乌拉圭的大片区域。长鼻浣熊均为陆生，树栖，多在白天活动，以水果和无脊椎动物为食（见图3.7）。尖吻浣熊、蜜熊和环尾猫熊都是完全的树栖动物，喜夜间活动，体型矮小，主要吃水果，有时捕食昆虫、花和小型脊椎动物。

鼬科或鼬鼠科的成员包括鼬、灰鼬、臭鼬、獾臭鼬、狐鼬、水獭和大水獭等。其中有些擅长爬树，不过大多数都在地面和水中捕食。鼬

图3.7　长鼻浣熊常见于哥斯达黎加的雨林中　（大卫·B.史密斯博士提供）

鼠具有浓密的皮毛，咬合力惊人，甚至能够咬死比自己体型还大的猎物。它们以啮齿类动物、鸟类、昆虫、水果、鱼类、甲壳类动物、蛇和凯门鳄为食。它们白昼、夜间和天空微明时（黎明或黄昏）时都有可能觅食。由于皮毛的价值，鼬科动物经常遭到捕杀。亚马孙鼬，南美洲最为稀有的食肉动物，仅在安第斯山脉以东的秘鲁、厄瓜多尔和巴西的低地森林中栖息。灰鼬和狐鼬与南方水獭一样，在中美洲和南美洲均有出没。大水獭仅限于南美洲阿根廷以北。

　　除人类以外，猫科动物在全世界的雨林中都是主要的猎食者。它们有专为捕杀和肉食而生的利齿。多数猫科动物独自猎食小型哺乳动物、蛇类、龟、凯门鳄鸟类、鱼类和昆虫。多数雨林猫科动物在夜间活动。新热带雨林中有七种猫科动物：小美洲山猫、小斑虎猫、虎猫和豹猫，大美洲狮、黑豹和美洲豹。分布区域包括中美洲和南美洲全境，但小斑虎猫——体形似家猫大小的物种——的栖息地却不得而知。

新热带鸟类

新热带拥有世界上种类最多的鸟类，而特有科的数目却屈指可数，并且另有不少科是新热带界和新北界共有，而不出现在其他地区。新热带界不仅本身繁殖鸟的种类居各界的首位，而且新北界的各种候鸟也在新热带界越冬。新热带界鸟类中的一个重要特征是亚鸣禽种类非常繁多，达到近千种，而东半球亚鸣禽总和也不过几十种，这些亚鸣禽中有一些霸鹟科成员到达了新北界，而其他各科以及霸鹟科的多数成员都是新热带界所特有。

新热带界的鸣禽只有来自北美的少数类群，但是种类却非常丰富，特别是以唐纳雀类为主的各种鹀类，不仅种类繁多，而且适应多种生活方式。其他的鸣禽主要有绿鹃、鹪鹩、拟黄鹂、森莺等，其中有些是新热带界所特有的，也有一些是和新北界共有。与面积广阔的热带雨林相适应，新热带界的攀禽也非常繁盛，而且包括很多特有类型和新热带界的象征性物种。新热带界的攀禽中最具代表性的是种类繁多的蜂鸟，可以说是新热带界鸟类的象征，而部分种类也分布于新北界，在西半球之外的地方则不出现。鹦䴕科、鹟䴕科、蓬头䴕科（喷䴕科）、翠䴕科、短尾䴕科、林鸱科、油鸱科和麝雉科等都是新热带界所特有的攀禽，其中短尾䴕科是加勒比海地区的特产。

鹦䴕科即各种巨嘴鸟，以拥有比例最大的鸟嘴而著称，是新热带界最具特征的物种之一。麝雉以其幼鸟翅上有爪而著称，让人联想起始祖鸟。麝雉的分类地位有较大争议，有人认为可能和雉鸡类有关系，但现在更多人认为和鹃类关系更加密切。还有一些攀禽类虽然不是新热带界所特有，但是在新热带界的种类最为丰富。这类鸟类以鹦鹉和咬鹃为代表，新热带界拥有世界上鹦鹉种类的一半，其中最著名的是体型巨大的各种金刚鹦鹉，其中紫蓝金刚鹦鹉是体形最大的鹦鹉。

咬鹃类是一小类美丽的热带鸟类，在亚洲和非洲热带地区也有分布，但是美洲的种类远比其他地方多，而且包括其中最美丽最著名的种类，其中凤尾绿咬鹃在中美洲印第安人的传统文化中占有重要地位，被当作神鸟。走禽类是冈瓦纳大陆的特色鸟类，也是现存鸟类最原始的类群，在从冈瓦纳大陆分离出来的南美洲、大洋洲和非洲均有分布，在美洲的代表是美洲鸵和鹬。美洲鸵体型比非洲的鸵鸟、大洋洲的鹋鹋都要小，但外形和习性均比较接近。鹬是走禽中体型最小，种类最多的一类，与其他走禽不同，有一定的飞行能力，是平胸鸟类和突胸鸟类之间的过渡类型。

史前的南美洲还有另一类的不会飞的大型鸟类，即窃鹤类或称恐怖鸟类，虽然和走禽一样是不会飞的大型鸟类，但和走禽没有什么亲缘关系，反而可能和鹤类有很近的亲缘关系。这是一些大型的食肉鸟类，曾经是南美洲的顶级肉食动物，习性类似的鸟类在新生代开始的时候曾经也出现于北方大陆，但是只有在南美洲这一鸟类才一直延续了下来，直到食肉目到来以后才灭绝。新热带界的鹤形目鸟类比较繁盛，其中拥有叫鹤科、秧鹤科、喇叭鸟科和日䴙科等特有或者基本特有的科，但是没有鹤科本身。新热带界另外一类特有的涉禽是籽鹬科，这是一类食性特殊的鸟类，以喜食草籽儿得名，与其他的鹬类嘴型和习性都有一定差别。叫鸭科是南美洲特有的游禽，其外形和雁形目的另外一科鸭科有较大差别，体型更像鸡而非鸭。凤冠雉科是新热带界特有的雉鸡类，另一类雉鸡是和新北界共有的并可能起源于北美的齿鹑类，齿鹑类和东半球很繁盛的鹑类比较接近，但是亲缘关系可能并不是很近，其他的雉鸡类则均不出现于新热带界。新热带界的猛禽种类较多，其中美洲鹫类除了少数见于新北界外，可以说是新热带界所特有。美洲鹫中最有名的当属康多兀鹫，这是体形最大的猛禽，也是最大的飞禽之一。美洲鹫和其他的猛禽亲缘关系比较远，现在有人认为它们应和鹳同属一类。隼科的卡拉鹰类也基本上是新热带界特有的猛禽，和美洲鹫一样为食腐动物。新热带界的捕食性猛禽中则以角雕最为有名，被称为最强有力的猛禽。

爬行类和两栖类

蛇类、龟类、蜥蜴、鳄鱼和蛙类是新热带雨林中爬行类和两栖类的代表性动物。蛇可分为蝰蛇、响尾蛇、眼镜蛇、珊瑚蛇、蟒（蚺和蟒）以及其他非绞杀类蛇和无毒性蛇类。响尾蛇是世界上最致命的蛇类，遍布北美洲、新热带地区和南美洲地区，生有三角状的头和裂口状瞳孔。在眼和鼻孔之间具有颊窝，是热能的灵敏感受器，可用来测知周围温血动物的准确位置。当遇到敌人或急剧活动时，迅速摆动尾部的尾环，每秒钟可摆动40~60次，能长时间发出响亮的声音，致使敌人不敢近前，或被吓跑，由此而得名。响尾蛇的针状毒牙能够迅速向猎物体内注入致命剂量的毒液，直接影响其血液组织和神经系统。通常捕食小动物和鸟类。有些新热带的无毒蛇类在动作上极力模仿响尾蛇，盘绕成卷，用力撞击，甚至还去炫耀类似响尾蛇所特有的三角形头部。这种拟态伪装通过模仿真正毒蛇的体征和姿态来威胁捕食者。

珊瑚蛇是新热带地区另外一种毒蛇。珊瑚蛇最受瞩目的地方是其亮丽的体纹，表面有着鲜艳的红色、黄色、黑色斑纹，起落交替，令珊瑚蛇的外表显得夺目。珊瑚蛇的毒牙虽然短小，但咬住猎物后会分泌出强烈的神经毒素，致其瘫痪并窒息而死。珊瑚蛇与亚洲和非洲的眼镜蛇和曼巴蛇有亲缘关系。通常2~4英尺（约60~120厘米）长，主要以蜥蜴和其他蛇类为食。几种毒性较低和无毒的蛇类外形上与珊瑚蛇类似，利用珊瑚蛇的威慑力躲避天敌。这些类似珊瑚蛇的蛇类经常被称为假珊瑚蛇。

新热带雨林以及其他雨林地区的另外一种大型蛇类是绞杀类蛇（蚺科）——世界上最大型的蛇类。新热带地区称之为蚺，非洲和亚洲则叫作蟒。这些蛇类没有毒性，却有尖锐的牙齿。形体特征为头部长而宽阔，吻端扁平，身躯粗壮。捕食方式为紧紧咬住猎物后缠绕其上，逐渐收紧使猎物窒息，然后整个吞下。新热带地区最为常见也最著名的蚺是漂亮

新热带毒蛇

新热带雨林是世界上体型最大的毒蛇——巨蝮的家园，其体长可达6.5～11.7英尺（约2～3.6米）。巨蝮栖息在中美洲的低地森林，也在亚马孙雨林和巴西东南部的海岸雨林出没。新热带地区最恶名昭著的毒蛇当属矛头蝮。它是31种矛头蛇之一，分布区域从中美洲直到南美洲的奥里诺科河盆地。一条成年雌性矛头蝮可每季产卵50枚或更多。近年的中美洲气候变暖使得矛头蝮每年可产卵两季，直接导致矛头蝮数量剧增，以至于很多矛头蝮离开林地前往种植园觅食，对种植园工人造成威胁。新热带的毒蛇对人身安全的威胁远超其他蛇类。作用于人体时，其毒液会快速破坏血液细胞，形成感染并导致伤口以及周边组织的坏死。及时施以抗毒剂并对伤口进行妥善处理会降低死亡的可能性。除巨蝮和矛头蝮以外，雨林毒蛇还包括林蝮蛇、棕蝮蛇（也被称作四唇眼睫蜂）和猪鼻蝮蛇（响尾蛇）等。

的深绿色绿玉树蟒和珠粒水蟒。两者都是爬树高手。水蟒是新热带地区最大的缠绕蛇类，体长可达30英尺（约10米），生活在沼泽与河流中，以大型啮齿类动物、西貒、大型鸟类、貘，甚至鳄鱼为食。水蟒在长度和体重上与非洲的岩蟒和亚洲的网纹蟒蛇有一较长短的实力。

除了响尾蛇、珊瑚蛇、绞杀类蛇及其模仿者外，藤蛇和其他蛇类也终生栖息在树冠中，靠捕食小鸟、蜥蜴和小型蛙类为生。

新热带雨林中其他的爬行类包括蜥蜴、壁虎、龟和鳖。鬣鳞蜥是常见的热带较大型蜥蜴。幼年的鬣鳞蜥呈棕绿色，成年后变成深棕色。幼年鬣鳞蜥以昆虫为食，成年后主要靠水果和树叶为生。鬣鳞蜥喜欢在河岸边的树上晒太阳。黑鬣鳞蜥是雨林中的大型蜥蜴，在地上挖掘地洞，也常在树上栖息，主要食物为水果和植物，也会捕食幼鸟和鸟蛋，偶尔也会捕食蝙蝠。变色龙占鬣鳞蜥科生物数量的50%。趾上长有护趾，便于爬树。变色龙常在高处树枝或树干以及林地表层休息，主要食物是昆虫。

皇冠鬣蜥也被称为"耶稣蜥蜴"，这是因为它们看上去就好像在水面上行走。皇冠鬣蜥体型巨大，多为绿色或棕色，生有突出的鳍状羽冠和垂肉（颚部下方的悬垂皮肤），以及强壮的四肢。它们能够在短距离内依靠两条后肢在水面奔跑。它的每根脚趾上的两侧均生有能张能合的皮膜，皮膜张开时使脚表面积扩大，从而增加了下沉的阻力，实现水面奔跑的惊人之举。皇冠鬣蜥以小型脊椎动物和无脊椎动物为食，也吃水果和花，其踪迹主要分布在中美洲热带雨林。

树栖蜥是南美洲体型最大的蜥蜴，体长通常可达55英寸（约140厘米）。树栖蜥主要分布在南美洲的热带和亚热带地区，其他地方难觅其踪。它们栖息在林地或森林边缘地带，捕食小动物，寻找动物的卵，有时也会偷食人类饲养的鸡。树栖蜥是世界上遭受捕杀最为严重的蜥蜴，产地居民嗜食树栖蜥，国际市场也常把树栖蜥作为宠物或做成皮具出售。

壁虎种类丰富，在世界范围内广泛分布。壁虎体型小巧，盛产于全世界各温暖地区。大多数壁虎没有眼睑，而是有一层透明的薄膜用来覆盖、清洁眼部。壁虎的脚趾下方长有吸水管状的鳞片，称为壳层，有黏附能力。壁虎喜夜间活动，捕食节肢动物，整个夜晚林地里都会充斥着壁虎短促高昂的叫声。

短吻鳄、凯门鳄和鳄鱼经常出现在新热带雨林的河岸上。新热带的四种鳄鱼主要分布在伯利兹、哥斯达黎加、古巴和哥伦比亚的岸边红树林和临河栖息地中。短吻鳄和凯门鳄更为常见，但由于受到人类活动的影响，其数量急剧下降。凯门鳄主要分布在墨西哥南部到阿根廷北部的区域，多数体长在8英尺（约2.5米）左右，黑凯门鳄可达20英尺（约6米）。黑凯门鳄以及其他的新热带鳄鱼种类均面临灭绝的危险。

新热带的两栖动物属于三个目：蝾螈和水栖蝾螈、蚓螈，及最大的群体，蛙和蟾蜍。所有的两栖类都需要水源来繁衍后代，它们通常在池塘或溪流中产下包有液囊的卵，但在热带雨林中，也会把卵产在林冠高处的凤梨科植物上。成年两栖动物具有半渗透性的皮肤，通常需要潮湿的生存环境，蟾蜍例外。

蛙类是新热带雨林中数量最多、种类最丰富的两栖类动物。在世界上已经确定的4300种蛙类和蟾蜍中，新热带雨林占1600种。蛙类占据多种生态地位，在长期的进化过程中，蛙类发展出众多极为不同的生殖方式，包括：直接产下幼蛙；在植物上产卵，蝌蚪孵出后直接落于水中；在凤梨科植物上和树洞中产下泡沫状的卵；甚至是把受精卵放于母蛙背上，直到蝌蚪变为幼蛙。

负子蛙十分常见，躯干扁平，无舌，完全水栖，脚上生蹼。负子属蛙类，生活在巴拿马和安第斯山脉以东的南美洲地区。苏里南蟾长约7英寸（约178毫米），头部较尖。其生殖方式十分特殊：卵排出后随即受精，雄蟾将卵紧抱置于雌蟾背上，卵会与周围的皮肤生长形成一个小囊，卵在其中长出幼蟾。

新热带蛙类栖息在树上和灌木里，以及落叶层中。多数蛙类会产下完卵，即蝌蚪期被略过，从卵中直接孵出幼蛙。还有许多蛙把卵产在泡沫状的巢中，无论是在水里，还是在树穴里、地洞中或其他地点，泡沫都会为卵和蝌蚪起到保护作用。

蟾蜍在雨林中也极为常见。蟾蜍属特征为肢短，体重大，身上和腿上布满疣状的腺体，眼后部有腮腺状的圆形或椭圆形腺体。它们没有牙齿，在夜间捕食。毒蛙常见于中美洲和南美洲，主要在白天活动，色彩艳丽，毒性很强。其醒目的色彩被视为是对潜在捕食者的一种警示机制。

树蛙通常为树栖，指和趾间多半生有辅助爬树的膜。它的眼睛的生长位置能够为整个周围的情况提供双目视野，叶水蛙属的树蛙第一趾和其他三趾相对生长，便于其攀爬细枝和主干。有些树蛙把卵产于水面之上的植物上，以便蝌蚪孵出后直接落于水中；另外一些树蛙把卵产在充满水的树洞里；还有的则在雌蛙背上把卵孵化。

玻璃蛙栖息在墨西哥和玻利维亚的热带林中，其腹部几乎无色，因此能够看到玻璃蛙的肠。它们体型很小，是完全树栖的蛙类。

另外一种分布在新热带的蛙科生物是箭毒蛙。一类是单一颜色的，无毒，生活在河边或溪边，另一种则由毒蛙构成。它们的体型很小，色彩鲜艳，多为白昼活动。其色彩包括浅蓝色、红色、黄色、黑色、黑绿色以及其他混合色彩。箭毒蛙是全球最美丽的青蛙，同时也是毒性最强的物种之一。任何触碰它的生物都会受到其皮肤分泌毒液的袭击，严重影响神经系统。其中毒性最强的物种体内的毒素完全可以杀死2万多只老鼠，箭毒蛙主要分布于巴西、圭亚那、智利等热带雨林中，通身鲜明多彩，四肢布满鳞纹。鲜明的色彩是对潜在捕食者的警告。箭毒蛙通常在林冠高处的潮湿位置产卵，成年箭毒蛙会守护在产卵地点。蝌蚪孵出后，会爬到成年箭毒蛙的背部，被带到水里。

姬蛙在世界上的雨林中都有分布，包括树栖蛙和穴栖蛙。另外三个南美的姬蛙科是鲁氏蛙、金蛙和树蟾，以及悖蛙，每种的数量都极为稀少。悖蛙得名于其不同寻常的体型变化：蝌蚪孵出后可长达10英寸（约250毫米），而形体转变后，最大的成年蛙的体长仅有2.5英寸（约60毫米）。

新热带蝾螈的数量无法与蛙类相提并论，但蝾螈科的种类却非常多。这些小巧、纤细的两栖动物生活在林地的厚重阴影里，或掘土穴居，或栖息树上。

蚓螈是一种既无腿也无尾的两栖类动物，南美洲的数量很大，在世界范围广泛分布。蚓螈与蚯蚓很像，在地道中移动前行。

鱼　类

在亚马孙河及其支流周围的洪溢林中，鱼类起着非常重要的作用。约有200种鱼类吞食着雨林植物的种子和果实，成为生命力强的种子传播者。季节性的洪水能够让鱼类巡游于林地中，觅食掉落的水果。有些热带鱼类也吃木本植物的枝叶、岩屑和一些无脊椎动物、小型脊椎动物以及浮游动物。

昆虫及其他无脊椎动物

新热带雨林是无数昆虫和其他无脊椎动物的家园，它们生活其中，寻找任何有利于生存和繁衍的机会。无脊椎动物始于3.5亿年前，对于环境适应和生存极为熟悉。它们经历了巨大的地质和气候变迁，对环境的变化有极强的恢复能力。它们不仅充当花粉媒虫和有机物分解者的角色，还为无数栖息在雨林中的动物提供最根本的养分，对于维护热带雨林的正常存在状态起到了重要作用。热带雨林中到底有多少昆虫我们不得而知，但几项研究都表明，仅在一棵树上，就会有数千个种类的昆虫。如果以此为依据对较大雨林中的昆虫数量进行估算，那么雨林中就会有数以百万计的昆虫种类栖息其中。虽然我们无法在本书中对新热带雨林中全部已知昆虫进行具体介绍，但会对其中一部分群体进行探讨。

蚂蚁（膜翅目）对植被的破坏和更新作用非常关键；其他的食肉种类可以在几分钟内把一只小动物撕成碎片。切叶蚁是饲菌蚁（蚁科）的一个分支，只生活在新热带地区。研究认为，切叶蚁源自南美洲的有树草原和稀树草原中，发展成善于利用雨林中茂盛植被的多个物种。体型巨大、强壮有力的工蚁爬上选定的乔木，用尖利的下颚把叶片和花瓣切成小块，然后运回蚁穴。它们把这些切碎的叶片作为有机覆盖物，其为丝状真菌——它们唯一的食物来源——提供养分。

行军蚁是群居蚁种，在新热带地区和非洲的数量最为庞大，其社会构成包括蚁后、兵蚁和工蚁，形成大型的蚁群。每个蚁群的蚂蚁数量可以超过100万。其颜色深浅不一，从橘色到深红、棕色或黑色不等。新热带行军蚁几乎没有视力，通过化学信号进行交流。它们始终处于游动状态，只是在生殖期才在地下的蚁穴或中空的树干做短暂停留。一般情况下，只有蚁后居住在蚁穴中，等待下一次迁移。行军蚁依靠群体进行捕食——大堆的行军蚁蜂拥而上，杀死猎物后将其分成小块带回临时的蚁穴。树上、地面都是行军蚁的捕食地点，猎物包括毛虫、蜘蛛、千足虫、小型蛙类、蜥蜴、蝾螈、蛇类和小鸟等。行军蚁的捕食活动规模很大，捕获的食物量也非常多，一个蚁群一天之内便可捕获9万只昆虫。

子弹蚁是大型热带蚁类，长度可达1英寸（约3厘米）。其分布范围包括中美洲和南美洲，主要生活在树基和树洞中。它们的攻击方式为对猎物的猛烈啃咬，并向猎物体内注入神经毒素，会影响其神经系统。捕食时子弹蚁多单独行动，有时也会采集花蜜、水和植物作为食物，还会捕食节肢动物、昆虫和一部分小型脊椎动物。

其他种类的蚂蚁会和新热带植物形成共生关系。西哥罗佩树的树叶和果实是许多动物喜欢的食物，但这种美味却受到阿兹特克蚁的保护。这种乔木中空的树干和枝条为其提供住所，树上的节瘤富含碳水化合物，是阿兹特克蚁喜欢的食物。饱食美餐的阿兹特克蚁会恶意攻击任何触碰西哥罗佩树的生物。只有树懒，在浓厚皮毛的保护下，才能够安全爬到树上尽情享用树叶。其他地区的金合欢树和蚂蚁之间也有类似的共生关系。

白蚁（白蚁目）对于新热带雨林内的分解和循环过程也能起到积极作用。白蚁同样也是群居蚁类，蚁群通常很庞大。白蚁的蚁穴多在树洞和树桩里，或在土壤表面，是热带雨林中常见的景象。白蚁存在一套等级划分结构，使其群体的分工和作用非常明确。蚁群由工蚁、兵蚁和蚁后构成。白蚁能够在肠道微生物群的帮助下消化木头和林地底层的枯枝落叶。在这种共生关系下，白蚁为单细胞生物提供食物和寄居地，而原生动物则帮助白蚁处理大量的木屑。有学者做出假设，认为白蚁是造成全球变暖的主要原因，因为其数量过于庞大，消化过程中所排出的甲烷和二氧化碳等温室气体也就数量惊人。

新热带的蝴蝶和蛾（鳞翅目）种类纷呈。有一些科，多数属和几乎全部的种都是新热带的本地物种。新热带地区的蝴蝶包括颜色艳丽的凤蝶、白蝶和蓝蝶。白蝶的颜色可能是白色、黄色或橘色，体型较小或中等，经常在河岸边成群飞舞。蓝蝶是体型非常小巧的蝴蝶，以水果、花蜜和动物尸体为食。关于蓝蝶有很多有趣的说法。其一，蓝蝶与蚂蚁有一种很特殊的关系。雌性蝴蝶会围绕四处走动的蚂蚁大军成群飞舞，食用同样跟随蚁群的蚁鸟的排泄物。

新热带地区最为著名的蝴蝶要数若虫，是种类极多的一个蝴蝶类别。体型最大的猫头鹰蝶，在两只翅上各有一个眼状的图案。当双翅展开时，"双眼"会分散潜在捕食者的注意力。另外一种若虫，大蓝闪蝶，也是大型蝴蝶，是中美洲和南美洲色彩最艳丽的蝴蝶。雄性大蓝闪蝶的双翅上面是耀眼的蓝色，下面则更有助于伪装，翅展可达6英寸（约15厘米）。很多热带蝴蝶以花蜜和腐烂的水果为食；很多无毒性的蝴蝶会模仿有毒蝴蝶的外观，进行拟态伪装。

雨林中的蛾并不受到过多的关注，蛾的幼虫一般以植物为食，有些是潜叶虫，有些是蛀茎虫，还有的喜食花朵、果实或种子。螟蛾生活在树懒的皮毛中，并在树懒到地面上排泄时把卵产在树懒的粪便里。

雨林里还生活着数量众多的甲虫（鞘翅目）。有些色彩鲜艳，有些则毫无特点；有的体型巨大，如独角仙，体长达3英寸（约8厘米），头上长有向上弯曲的角状凸起，让独角仙很好辨认（见图3.8）；其他的体型较小。常见的甲虫包括天牛、蜣螂和埋葬虫、长臂天牛、菌甲虫和钻木金属甲虫。

蚊子和其他传播疾病的昆虫依靠生活在林冠中的动物为生，林地表层几乎没有它们的存在。有些会传播疟疾、黄热病和登革热等疾病。一旦林地被彻底砍伐，携带病菌的蚊子便会成为大问题。

蜘蛛、蝎子和蜈蚣在新热带雨林中数量很多。狼蛛体型很小，步足却很长；塔兰托毒蛛身躯巨大。有一种大型塔兰托毒蛛，南美洲歌利亚蛛，还能捕食小鸟，其腿长可达7英寸（约18厘米）。有人曾观察到歌利亚蛛捕食小鸟，及捕捉小型爬行动物的过程。球蛛分泌的蛛丝极为坚韧，人们甚至会用球蛛的网丝来制作安全服。黑脚蚂蚁蜘蛛懂得把自己伪装起来，把前腿举起看上去就像是蚂蚁的触须，通过这种伪装就可以

图3.8　整个热带地区都有独角仙的存在，图中这只正在享用松果仁　（雅各布·霍尔兹曼·史密斯提供）

有效地逃避其他捕食者的威胁。

　　蝎子也会出现在雨林中，它的攻击方式不是咬而是叮。蝎子的叮咬会导致中毒和疼痛，但对于大型脊椎动物来说并不致命。蜈蚣和千足虫也是普通的雨林动物。蜈蚣喜欢夜间出来捕食其他的无脊椎动物，它们拥有强大的颚，咬中猎物后不仅带来疼痛，还会分泌毒液将其制服。千足虫多在白天活动，以柔软的腐烂植物为食。有些种类会长达10英寸（约25厘米）。

　　以上描述的新热带雨林的动植物多样性只不过是对复杂的赤道生物群落的一瞥。尽管物种类别繁多，但其数量却越来越少。这种现象的主要原因是雨林遭受了破坏。对雨林的破坏导致该地数以千计特有的生物灭绝。

人类对新热带雨林的影响

中美洲的大部分地区和加勒比海的许多岛屿都曾经被热带雨林覆盖。而如今，加勒比海各岛几乎完全失去了原生林，只有少数公园和保护区保留着小块雨林。在中美洲和南美洲，热带雨林在快速流失或退化，广阔的亚马孙雨林大部分未受到损坏，但其边缘地带的砍伐程度极为严重。此外，雨林外围逐渐形成网络的公路对雨林的影响也在不断加剧。乔科雨林也面临着同样的威胁。据推测，雨林的损毁部分已达原来总面积的15%～30%。破坏雨林的主要诱因是大规模放牧和刀耕火种法。

刀耕火种法通常先清理林地，选取有价值的木材后，放火烧光整个林地。据估计，在亚马孙，被毁森林中有70%～75%是由大中规模的养殖活动直接导致。在其他地区，这种现象也随处可见。通常小农场主愿意采用刀耕火种法，面积在1～2英亩（约小于0.01平方千米）的林地被清除时，地被层直接用砍刀砍除，残余部分用火烧掉，灰烬可以用来给庄稼提供养分。几年以后，农场主就会搬到另外一个地方，重复这一过程。随着人口的增加，对土地的需求不断扩大，这种只顾眼前效益的生产方式对大片林地造成了破坏。政府在雨林地区修建公路，向愿意前来定居的人免费提供土地，使问题进一步恶化。现代工业化的农耕对雨林造成更大的威胁。大片土地上的雨林被清除，取而代之的是销往海外的农产品，如大豆、棕榈油、咖啡、菠萝、香蕉和蔬菜等。

新热带地区工业化的木材制造业发展迅速。伐木大多有所选择，但也会存在林地被彻底清除的现象。伐木的间接效应来自公路、铁路的修建，林地的清除，水土流失，侵害性物种的增加，小气候的变化，以及周围区域树木的死亡。很多亚洲林业公司购买大量土地或获取长期租约。亚洲跨国公司控制了至少5.02万平方英里（约13万平方千米）的亚马孙雨林。非法砍伐也对雨林形成巨大威胁。

新热带雨林中的野火有增加趋势。这大多是人为造成的，因为如果没有人类的打扰，雨林中不可能发生火灾。火灾频仍，甚至通过夜间的卫星图片都可以清晰地看到。大火过后雨林的恢复极为缓慢。由于火灾破坏了雨林保持内部水平衡的能力，雨林内小气候的变化随之而来，最终会导致区域性气候变化，如降水量减少，会让雨林更易受到火灾的侵害。其他的地方性冲击包括金矿开采和由此不可持续性开采所带来的水系污染，危害雨林的同时也影响当地居民的健康和生活方式。石油和天然气的开采也在增长。

雨林的破坏导致大范围的栖息地断带的出现，直接造成生态的破坏，比如物种的灭绝，生态进程受到干扰，授粉中断，碳储量减少，以及养分循环削弱。随着人口的不断增长，对土地和资源的需求相应增加，对于雨林的进一步破坏几乎可以预见。政府希望修筑大坝建造水电设施，修筑高速路、公路和电力线路，开通河道促进经济进一步增长，这一切都严重威胁着雨林的生存。科学家对亚马孙雨林损毁程度的加剧感到非常焦虑，因为气候正越来越干燥——毁林就是其中原因之一。

如果没有地方团体、政府和国际组织的通力合作，很可能只剩一小块雨林可以继续存活，这就无法保证现有的新热带雨林生物多样性，物种的消失将不可避免。

非洲热带雨林

非洲热带雨林分布在两个主要区域：横贯中非的低地和西非的沿海岸地区。在马达加斯加的东部海岸还有雨林的断续带。非洲热带雨林集中在北纬8°与南纬8°之间，占据世界热带雨林生物群落的18%。目前，非洲现存雨林面积约为72万平方英里（约186万平方千米），尤其是在西非，商业砍伐和毁林造田对雨林造成的破坏作用极大。过去，热带雨林在沿非洲西海岸从塞拉利昂经过刚果共和国东至乌干达的广大区域内能够形成较为连续的大片雨林带。现在，依然存在的雨林分布在肯尼亚西部、卢旺达和坦桑尼亚境内。西非和中非的雨林被达荷美断裂带分隔开来。达荷美断裂带是一片由稀树草原和干旱的林地构成的区域，包括多哥、贝宁和加纳东部地区。雨林分布在海拔低于3000英尺（约1000米）以下的低地，多数位于海拔低于700英尺（约200米）的地区。境内有雨林分布的国家包括喀麦隆、中非共和国、刚果、刚果民主共和国、赤道几内亚、加蓬、冈比亚、加纳、几内亚比绍、科特迪瓦、肯尼亚、利比里亚、尼日利亚、卢旺达、塞内加尔、塞拉利昂、坦桑尼亚、乌干达、赞比亚、塞舌尔和位于几内亚湾的圣多美和普林西比共和国（见图3.9）。马达加斯加雨林也是这一生态地理区域的一部分。

在西非，接近90%的原生雨林已经消失，现存的部分也因为糟糕的

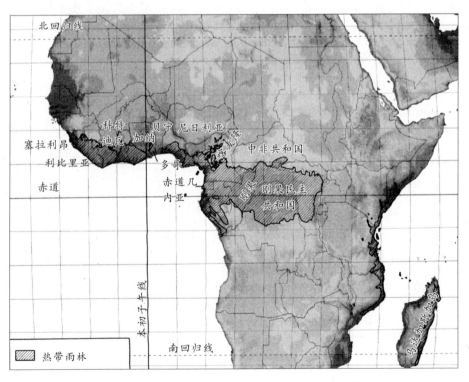

图3.9　非洲地区热带雨林分布　（伯纳德·库恩尼克提供）

生存条件而形成断续带。超过70%的现存雨林位于中非刚果盆地的偏远地区，在刚果民主共和国、乌干达、刚果共和国、中非共和国、赤道几内亚、加蓬境内和喀麦隆东部。刚果河（也被称为扎伊尔河）是全球流量位居第二的大河，其盆地孕育了全球第二大热带雨林。刚果雨林是世界上濒危状态最为严重的生态系统，它拥有非洲的大部分生物物种。伐木、满足国内外市场的农业生产、畜牧业和广为存在的内战，都给雨林带来毁灭性影响，更是让雨林的原住民流离失所，野生动物肉类贸易的扩展又给许多物种的生存带来威胁。从1980年开始，非洲的森林破坏率在全球居于首位。刚果盆地是曾经广袤无边、连绵不断的非洲热带雨林最大的残余部分。

非洲热带雨林的起源

非洲热带雨林直接反映了非洲大陆的历史。几千万年的历史演绎形成非洲热带雨林。世界上最古老的岩层构造之一，已有5亿年历史的前寒武纪地盾构成这一区域的大部分基本形态。古老的基底岩石无论在非洲还是在亚洲和南美洲，都分裂成了多块。地质构造和气候的一系列变迁对现在的雨林分布产生了巨大影响。通过化石了解到古代植物在南美洲、亚洲和澳大利亚都有现存的亲本植物，为冈瓦纳古大陆的存在提供了直接证明。

现代非洲雨林出现于3500万年前。当时雨林覆盖大陆的广袤地区，北至埃及阿拉伯共和国和利比里亚，东到印度洋，现在的沙漠和稀树草原也都生长着茂密的雨林。在以上地区发现的花粉化石能够证明该地曾经是雨林。南美洲从古大陆分离开之后，非洲孤立存在，进化出独特的动植物群体。随着非洲大陆继续北移，在大约2000万年前与亚洲大陆相撞，但由于沙漠在气候上的阻隔作用，非洲仍然保持着孤立的状态。

在中新世（3500万~1000万年前）雨林的面积达到峰值，接下来的全球降温导致非洲气候更加凉爽干燥；这直接导致非洲雨林范围的锐减，以及现今草原和林地的扩张。

另外一次全球降温过程发生在2500万年前，导致气候更凉、更干，季节变化更为明显，非洲雨林的面积进一步缩减。冰川期延续了整个更新世，18000年前最后一次大型冰川爆发终于结束。对于花粉化石的研究（孢粉学）发现，当时的植物对于较干燥的环境、较低的湖水平面和不断增加的沙丘活动更为适应。

过去的全球气候变迁对于非洲雨林的分布影响深远。据研究人员推测，非洲雨林已经缩减到其最大面积（中新世时）的10%，仅在河流沿岸地带保留了小块的降雨量较高地区。这些地方被称为冰期生物种遗区，意为曾经广为分布的动植物得以生存下来的区域。

气候环境

非洲热带雨林长年呈现炎热潮湿的气候，几乎不存在季节性或全年的气候波动。白天的平均气温为70°F~90°F（约21℃~32℃），沿岸温度较为凉爽。月均最低气温没有明显变化，为57°F~63°F（约14℃~17℃），最高气温能够达到84°F~90°F（约29℃~32℃）。湿度从未低于70%，经常会高达90%~100%。而且，雨林内的气温变化幅度要小于雨林外。

非洲的大多数雨林比其他地区的雨林干燥，年降水量为60~80英寸（约1500~2000毫米）。多数月份都会降雨，月均降水量少于4英寸（约100毫米）的时候不会超过两三个月。在某些地区，降水极为丰沛，例如，喀麦隆火山雨林曾有过年降水量达到470英寸（约1.2万毫米）的记录。尽管降水量很多，这仍然是影响雨林分布的主要原因。受干季影响月降雨量少于4英寸（约100毫米）并持续数月时，热带雨林就会转变为热带季雨林、热带森林和稀树草原。

尽管非洲热带雨林的白昼长度变化极为微小，但云量会导致抵达雨林的太阳辐射量的显著变化。在降雨最频繁的季节，日照时长会低至两小时。甚至在相对干旱的季节，雨林中都会被薄雾笼盖。

　　全球循环对非洲热带雨林的影响来自热带辐合带的移动。在非洲，来自大西洋的海上气团向东南移动，与来自东北沙漠的干热陆地气团相遇，相遇的地点就会形成不稳定区域以及大量降雨。气团季节性地随热带辐合带由北向南移动，1月份在北纬5°~7°，7月份在南纬17°~21°。这种移动正是非洲热带雨林的降雨出现季节性分布的原因。在这一区域以南，有一个连续的低云层区域，但降水量并不多。信风对于非洲雨林的影响并不像其对新热带雨林的影响那么大，但信风会影响物种的分布。从12月到3月，名为哈马丹风的干热燥风由撒哈拉吹向西非的热带雨林。在刚果盆地，干燥的风从埃塞俄比亚高原吹向雨林，强度比起在西非与其相遇的燥风要小得多。这两种暖干气流都会减少雨林的降雨量。

　　在全球变暖的大环境下，非洲雨林气候的总体预判结果将会是非洲赤道地区的干旱，气候的改变将直接导致植被区的变化，以及热带雨林的分布。气温的轻微变化便会对动物构成产生巨大的影响，反过来，动物构成的改变会影响植物的授粉和种子传播，最终对雨林造成伤害。

土壤条件

　　非洲的土壤趋于古老，养分不高，主要来源为前寒武纪地盾的古老岩床。超过55%的土壤可以分为氧化土和老成土。

　　非洲热带雨林中的土壤有40%为氧化土。由于氧化铁含量很高，再经历高温高湿环境的洗礼，非洲氧化土呈现出极有特色的深红色或深黄色。其分布主要集中于加纳、刚果民主共和国、卢旺达、布隆迪、利比里亚、塞拉利昂及马达加斯加东部。

　　非洲热带地区的另外一种常见土壤是老成土，占非洲热带雨林土壤的16%。老成土土色或红或黄，排干性较好，主要分布在坡地。在非洲，老成土主要分布在刚果东部地区、塞拉利昂的林地、利比里亚部分地区，及沿科特迪瓦至尼日利亚的狭长地带。

其他的土壤可分为新成土、新开发土和淋溶土。新成土中，有一种叫作砂新成土，占非洲热带雨林土壤的15%。这是一种深层、砂质、高酸的土壤，肥力很低，很容易受到侵蚀。这类土壤最大的分布区域为刚果盆地西部（刚果民主共和国境内）和中非共和国西部。新开发土占热带土壤的12%，这是一种中性土壤，风化程度低于氧化土和老成土，是A层、B层和C层的构成成分。由于其肥力相对较高，新开发土多做农用。

植被状况

非洲热带雨林的植物多样化程度很高，但比其他雨林要低。这一点由有限的棕榈、藤本植物、兰科植物和其他附生植物数量便可看出。

非洲植物中一些占主导地位的科与新热带地区和亚洲太平洋地区雨林植物完全相同，这些植物包括：豆类（蝶形花科）、大戟（大戟科）、月桂树（樟科）、桃花心木（楝科）、棕榈（槟榔科）和无花果（桑科）等。这些曾同属于冈瓦纳古大陆构成部分的大陆在各自的植物发展史方面同样具有共性。

非洲植物和亚洲植物群之间的关系与其和新热带地区植物的关系相比，要更为密切。非洲雨林的177科植物中有164科与亚洲（包括马来西亚）的热带植物相同；在马达加斯加，234科植物中有200科与亚洲相同。尽管非洲与亚太地区雨林有众多共同的树种，但非洲和新热带雨林却只有唯一共同的树种symphonia globlifera（学名），常用名为塞里略（音译：cerrillo）。这种树在新热带分布范围极广，但在西非雨林则较为有限；该树种在两个地区均为鸟媒授粉。在非洲，塞里略树源自约4500万年前，大概在1500万~1800万年前来到美洲。

林地结构　非洲雨林的结构与其他热带森林结构相似，也分为三层林冠层、灌木层和草本植物层（见图3.10）。非洲雨林的露生层在平均高度上比新热带和亚太地区雨林中的略低，为80~150英尺（约24~45米）。

与新热带雨林不同，非洲雨林的露生层中只有少量物种栖息。幼小的露生层乔木极为耐阴，在林冠层的树荫下生长速度缓慢。一旦林冠出现缝隙，这就标志着快速生长期的到来，幼树会快速生长，填补漏出的林冠层空缺。露生层的常见树种为豆科的苏木亚科，包括罗望子、可乐豆木、山扁豆和皂角树。所有高大树木的寿命都很长，有些树龄可以达到1000年，但由于伐木和毁林，现在很少能见到高龄树木。单一物种经常会统占很大范围，这在非洲热带雨林较为常见，但在其他热带雨林生物群落则很少出现。新热带地区1英亩雨林会有数百种树种，而同样面积的非洲雨林内数字则会少于20种。新热带和亚洲雨林内树木的分布范围很有限，但树种在非洲雨林内的分布则毫无局限性。

排列松散的林冠层，高度为 50~100英尺（约15~30米），该层的乔木并不是很粗壮。木本藤蔓植物和附生植物是林冠层的主要构成类别。草本植物层由高度为30~50英尺（约10~15米）的较矮乔木组成。林冠层和草本植物层的许多树枝相互交错，在林冠间形成四通八达的动物通

图3.10 非洲雨林的结构与其他地区很相似，尽管藤本植物在其中作用较小 （杰夫·迪克逊提供）

道，树上的交通极为便利。这两层共同构成了密集的林冠（见图3.11）。这两层的树木包括棕榈树（桑科）、樟树（樟科）、天南星（天南星科）、胡椒树（胡椒科）和野牡丹（野牡丹科）。可乐果树是西非热带雨林中的一种非常有趣的低层乔木，这种树的种子多个世纪以来一直被用作医疗补品。

非洲雨林的树密度（单位面积内的树木数量）比新热带和亚太地区雨林略低。研究显示，热带雨林的树密度为每2.4英亩（约0.01平方千米）300~1000棵。非洲雨林的林冠层多是开花植物、兰科植物、藤本植物和其他喜光植物，但并不具备世界其他地区雨林的多样性。

由于阳光很难通过高层林冠，低层的灌木中的植物不得不适应在有限光照环境下的生存。通常在地表植被层可以见到多科灌木植物，多为

图3.11　圣多美岛上的非洲热带雨林(圣多美和普林西比民主共和国)　(加州科学院罗伯特·德鲁斯博士提供)

可乐果

可乐果是一种梧桐科常绿乔木（sterculia acuminata）的种子，与可可同科。可乐果树可高达60英尺（约18米），是西非的当地树种，在塞拉利昂、利比里亚、科特迪瓦和尼日利亚的雨林中均有生长。在中非的加纳和刚果河盆地也有生长。

可乐果树的果实是呈星芒状簇生的豆荚，每个豆荚内长有4~10个栗子大小的种子。可乐果是传统药品，也可做商业用途。当地土著居民把可乐果当作疲劳恢复剂咀嚼，其咖啡因含量很高（2.5%~3%），这一点与可可相似。可乐果也可用作抗抑郁药，可消除饥饿和疲劳感，帮助消化，甚至被作为催情剂使用。西非的一些传统文化中，可乐果是表达善意的最佳礼物，传达的信息是尊重与和平。

不过现在美洲的"可乐"用的是模仿它的味道的合成添加剂。

较矮的乔木和灌木，包括野牡丹、咖啡、菊科植物、豆科植物、上文提及的胡椒科乔木，以及荨麻、蕨类，以及林冠上层乔木的幼树和幼苗。林地表层稀疏地生长着高层林冠乔木的幼苗。地表植被层多由已经死亡、腐烂的植物和动物以及分解这些动植物的生物构成。这层分解质使得养分在林地间的循环得以实现，对非洲雨林来说非常关键。蕨类、苔藓、兰科植物、姜、莎草、天南星和非洲紫罗兰，在非洲和其他雨林都十分常见。

非洲热带雨林乔木　非洲雨林乔木与其他热带地区的乔木具有相似特征。树皮很薄，通常只有不到0.5英寸（约1.2厘米）厚，颜色从浅至深不等，有的会长出斑点。树皮通常很光滑，避免其他植物攀附其生长。一些热带乔木用尖刺来武装自己，防止食草动物来啃食。雨林乔木一般木质较硬、密度较大，以防昆虫的蛀咬，使得雨林乔木成为非常有价值的木材资源。和其他雨林相同，非洲热带雨林中许多露生层乔木在树干根部都有宽阔的木质突出部。这些板状的加固基主要用来支撑根系较浅的高大乔木，可高达15~32英尺（约5~10米）。气生根和支柱根都很普遍，尤其是棕榈种乔木。

虽然开花期可以遍布全年，果实却通常数年才结出一次。结果期会带来数以吨计的可食用果实和养分充足的种子，而大部分都被无脊椎动物毁掉了。果实和种子对动物的生存至关重要；同样，动物为植物新芽的萌生和种子的传播也起到了巨大帮助。尽管非洲雨林中的植物主要由昆虫授粉，75%的种子则由哺乳动物、鸟类和鱼类传播。

非洲雨林中多数种子带有硬壳，外面还有果实紧密包裹。脊椎动物是果实的主要消费者，事实上，有些种子需要经历动物消化系统的处理后，才能萌生新芽。例如，麻扣油树的种子就要靠森林象咬碎巨大、坚硬的果皮才能发芽，而森林象通过粪便不仅很好地完成了传播工作，又提供了利于发芽的肥料。

一些非洲热带乔木和藤本植物会出现老茎开花的现象，花直接开在主干上而不是枝头，假可乐果树和一些无花果都是会出现这一现象的非洲树种。

蔓生植物是非洲热带雨林的一种重要的结构特征，它们的果实是动物的主要食物。非洲雨林中的蔓生植物与其他雨林相比相对较少。主要的蔓生植物有豆科植物、咖啡科、夹竹桃和书草等。

附生植物在非洲热带雨林中也有分布，但数量和种类都远低于其他地区的雨林。新热带和亚太雨林中生活着至少两倍于非洲附生植物的属和种。非洲附生植物数量有限，主要原因是非洲的降雨量相对较低，而雨林的分布区域也很有限。非洲附生植物主要由兰科植物和蕨类构成，唯独缺少了新热带地区极为常见的凤梨科植物。已经确认的非洲雨林附生植物超过100种，兰科植物的物种相对丰富，占世界兰科植物种类的15%。

沼泽林 非洲最大的沼泽林位于尼日尔三角洲和刚果三角洲。年降水量高达100~160英寸（约2500~4000毫米），年平均气温为82°F（约28℃）。水文情况决定了沼泽林的物种构成。在红树林后方的沿河地带，盐浓度较低，地势较低，排水性差，洪溢林便会在此生长。物种在很大程度上受洪水深度、出现的频率和持续时长影响。很多沼泽林由单一物种占据支配地位。沼泽林中植物的种子很大，可以漂浮在水面上便于由动物传播，萌发新芽；鱼类会参与这一过程。濒危的尼日尔三角洲侏儒河马、羽冠麝猫和黑猩猩都在此栖息。

马达加斯加 马达加斯加岛雨林面积很小，但生物多样性程度却很高。雨林位于马岛东海岸，海拔2600英尺（约800米），气候温暖，湿度极高，年降水量多于80英寸（约2000毫米）。

与其他雨林相同，马达加斯加雨林也可分为五层。林冠层很低（80~100英尺，约25~30米），但树密度很大，各树种混杂生长。与非洲大陆不同的是，在这里没有任何单一树种能够占据支配地位。树木通常很直，树枝上遍布藤本植物和附生植物；林冠也没有完全闭合，多数乔木的树冠都留有空间。栖息在林冠中的动物在攀爬、跳跃、滑翔和飞行时，不得不小心这些空隙。

主要树种包括豆类（蝶形花科）、莽吉柿（藤黄科）、黑檀（柿树科）、棕榈（槟榔科）、大戟（大戟科）、人心果（山榄科）、乳香（橄榄科）和杜英（杜英科）。杜英在马达加斯加和亚洲均有生长，却不是非洲大陆物种。马岛上生活着170种棕榈，其中许多与亚洲棕榈有亲缘关系。斑兰叶（斑兰科）和竹笋（禾本科）数量丰富。马岛上超过90%的雨林乔木和灌木为当地独有。

非洲雨林的动物

非洲雨林动物极具多样性，而且很多物种为非洲特有。雨林中仍有新的物种不断被人们发现。在非洲的雨林地区进行探险，会带来对动物生活的全新认识。对新发现动物在分类学和进化方面的不断深入分析，也会加强对这里的认识。

哺乳动物 非洲的低地雨林中，已经确认的动物有270多种，分属25科120余属（见表3.3）。非洲雨林的大型动物具有出众的多样性和丰富的数量，这是其他雨林无法比拟的。有关一些哺乳动物的地质起源和进化关系的疑问仍有待研究，尤其是涉及与南美洲哺乳动物关系的问题。

形成非洲动物多样性的原因有多种。层次分明的林层结构形成林冠和林地表面多样化的栖息地。森林资源更是种类繁多，给不同的动物提供了不同的机会。数量庞大的植物为动物提供了叶片、嫩芽、花、果实、种子、树皮以及昆虫等食物，不仅选择多样，且终年可以利用。哺乳动物的分布与不同的植物分层相关。上层林冠为很少离开树木的灵长类、啮齿类、蝙蝠、穿山甲、树蹄兔和飞鼠等提供栖息地；中层栖息着树栖小鼠、松鼠、蝙蝠、麝猫和灵长类；地表层则生活着完全不同类别的动物。

非洲有数量和种类都最可观的生活在地面的雨林哺乳动物。体型最大的包括森林象、水牛、邦戈羚羊、霍加狓和豹等；中等体型的陆生动物有啮齿动物、獴、穿山甲、小羚羊、小型猫科动物和水獭。大型类人猿——大猩猩、黑猩猩和小黑猩猩——既在地面又在树上生活。所有的非洲哺乳动物都是胎盘类，并无迹象表明卵生的单孔类动物和有袋类动物曾经出现在非洲。

穿山甲是独居类夜间活动的哺乳动物，主要食物为蚂蚁，常见于非洲和亚洲的热带地区。七种穿山甲中有四种仅存于非洲。它们的体型差异巨大，最小的树穿山甲体重仅有3.5磅（约1.6千克），而体型最大的大穿山甲体重有72磅（约33千克）。所有种类穿山甲的舌都极长，但没有牙齿。穿山甲体型狭长，全身覆盖层叠的鳞甲，自额顶部至背、四肢外侧、尾背腹面都有，而在肢体的腹面则长有稀疏的毛。穿山甲四肢粗短，便于挖掘洞穴，爪尖利而向下弯曲。两种穿山甲长有半卷尾，用来攀爬树木。当穿山甲受到袭击时，就会蜷缩成球状，用坚硬的鳞甲保护柔软的肢体腹面。穿山甲也会利用肌肉让鳞片进行切割运动，割破敌人

表 3.3　非洲及马达加斯加雨林中的哺乳动物

目	科	常用名
非洲猬目	食虫目	马岛猬和小獭鼩
偶蹄目	牛科长颈鹿科	羚羊霍加狓
	河马科	河马
	猪科	猪
	鼷鹿科	麝香鹿
食肉目	猫科	豹,金猫
	獴科	猫鼬
	鼬科	水獭,蜜獾
	灵猫科	灵猫,麝猫
翼手目	鞘尾蝠科	银线蝠,鞘尾蝠
	蹄蝠科	叶鼻蝠
	巨耳蝠科	假吸血蝠
	犬吻蝠科	犬吻蝠
	吸足蝠科	东半球吸足蝠
	夜凹脸蝠科	夜凹脸蝠
	狐蝠科	东半球果蝠
	菊头蝠科	菊头蝠
	鼠尾蝠科	鼠尾蝠
	蝙蝠科	暮蝠
蹄兔目	蹄兔科	蹄兔
食虫目	鼩鼱科	鼩鼱
象鼩目	象鼩科	象鼩
鳞甲目	穿山甲科	穿山甲
灵长目	猕猴科	东半球猴
	鼠狐猴科 a	鼠狐猴
	指猴科 a	指猴
	婴猴科	婴猴
	人科	大猩猩
	大狐猴科 a	马达加斯加大狐猴,冕狐猴
	狐猴科 a	美狐猴
	鼬狐猴科 a	嬉猴
	懒猴科	树熊猴
长鼻目	象科	象
啮齿目	鳞尾松鼠科	飞鼠
	睡鼠科	睡鼠
	豪猪科	东半球豪猪
	鼠科	东半球鼠
	马岛鼠科	非洲和马达加斯加鼠
	松鼠科	松鼠

注:带 a 角标的仅存于马达加斯加。

的嘴巴，试图吃掉穿山甲的动物会被割成重伤；穿山甲还能从肛部的腺体喷射难闻的气味。穿山甲的视力和听觉都相对较差，主要靠嗅觉来确认猎物位置。两种小型穿山甲——树穿山甲和肠胃穿山甲，大部分时间都栖息在树上。地穿山甲和大穿山甲（穿山甲中体型最大的一种）是主要生活在地面上的物种。穿山甲肉具有食用价值，因此遭到大规模猎食，数量急剧下降。穿山甲与新热带地区的犰狳在外观和形态上有些类似，但没有亲缘关系，是趋同性的一个例证。

马岛猬的分布范围很小。少数几种生活在西非和中非的雨林，大多数则生活在马达加斯加岛。马岛猬科包括三个亚科：小獭鼩（獭鼩亚科）生活在西非和中非；马岛猬（马岛猬亚科），水栖猬、稻田猬和鼩猬（稻田猬科）仅生活在马达加斯加岛。马岛猬被视为原始哺乳动物的直系后裔，因为它们保留了很多原始动物身上的特征。

小獭鼩只在非洲热带雨林栖息，营水栖生活。小獭鼩体型较大，体长在24英寸（约600毫米）左右，体重约2.2磅（约1千克）。尽管名字中带有"鼩"字，但大獭鼩实际上却是马岛猬，极可能代表了马岛猬科较早的一个分支。大獭鼩的栖息地仅限中非，生活在沼泽、小溪、河流和雨林中的水塘里。大獭鼩在夜间活动，从黄昏到破晓时分是其猎食的时间。大獭鼩擅长游泳，食物包括蟹类、蛙类和鱼类，也会捕食昆虫、软体动物和虾。另外两个马岛猬的亚科都生活在马达加斯加岛。非洲大陆上由啮齿动物、鼩鼱、负鼠，甚至水獭占据的生态位，在马达加斯加岛上则由马岛猬替代填充。它们的生存方式包括水栖、树栖、陆栖和穴栖。马岛猬亚科的成员体型相对较大（接近家猫大小），种类多样。大多生有带倒刺并可分离的硬毛，经常被描述成棘或刺。马岛猬多为夜间活动，杂食。水栖猬和稻田猬亚科的成员体型较小，更像鼹鼠或鼩鼱，不生棘刺，喜欢穴居。

还有一类非洲当地的哺乳动物——象鼩，与鼩鼱没有亲缘关系，而被视为马岛猬、蹄兔、象、海牛和土豚的远亲。在非洲共发现了19种象鼩，巨泡象鼩属和四趾岩象鼩属在非洲雨林栖息，体型从类似小鼠到松鼠大小不等。象鼩的鼻子很长，耳和眼都大。它们的跳跃能力极强，一旦遇到攻击，会用两条长长的后腿迅速以跳跃的方式逃离。象鼩的食物范围包括水果、种子和其他植物。它们非常熟悉如何逃避危险，经常会在矮树丛中开出一连串的路径，并会在当中寻找食物。非洲热带雨林中还生活着150多种真正的鼩鼱。

非洲热带雨林里蝙蝠的数量极多，蝙蝠的两个主要类别——大蝙蝠亚目和小蝙蝠亚目——在这里均有分布。大蝙蝠亚目主要是以水果和花蜜为食的大型蝙蝠，眼睛很大，能够依靠视力在林中飞行。小蝙蝠亚目则体型较小，依靠回声定位（蝙蝠使用的一种声呐系统）进行导航和觅食。

所有蝙蝠都是夜出觅食，白天休息。休息时用后肢悬挂在阴暗的地方，比如细小树枝和树叶或一段木头，漆黑的树洞、林地的洞穴，或者林地边缘的香蕉树，从地面到林冠高处随处可见。果蝠多独居或小群体聚居，而食虫蝙蝠则通常组成大型聚居群。大型、密集的群体聚居形式有助于幼蝠保暖。除了食用果实、传播种子和捕食昆虫，有些蝙蝠种类还会为热带植物授粉。

非洲的啮齿目是一个庞大而又成功的群体，随处可见。松鼠、飞鼠、睡鼠，及东半球小鼠和大鼠都属于啮齿目。有些啮齿目动物主要食用树苗、种子和昆虫，对保持林地的活力和延续起着重要的作用。

松鼠是非洲雨林中数量最多的树栖啮齿动物，生活在雨林中的松鼠占非洲全部松鼠的三分之二左右。松鼠的体型大小也有很大区别，最小的非洲小松鼠，体长仅有2.7英寸（约70毫米），尾长2.3英寸（约60毫米）；而最大的林地巨松鼠，体长可达10~13英寸（约250~330毫米）。松鼠的尾巴长而蓬松，快速奔跑于林冠间，轻盈地从一棵树跃到另一棵树。所有的林冠层都是松鼠的栖息地，但有些松鼠专门在某一层或两层林冠内生活。非洲的松鼠占据了其他地区的一些由热带鸟类所占据的生态位。

飞鼠属于啮齿类动物中独立的一科，形成自己独特的对树栖生活的适应性。飞鼠的前肢和后肢之间，有一层覆毛的膜连接，因此它们可以在树顶间像滑翔机一样在空中飞行。曾有记载，一些飞鼠在保持高度基本不变的前提下，最大滑翔距离可以达到320英尺（约100米）。它们也十分擅长爬树。飞鼠对于栖息地的要求很高，需要以树体高大、树龄较高并带有树洞的热带乔木作为其白天的休息处。非洲飞鼠与亚洲太平洋地区雨林的飞鼠非常相似。

睡鼠是一种树栖啮齿动物。白天始终处于睡眠状态，夜间在树木间攀爬觅食，寻找种子、坚果、水果和嫩叶为食。它们体型很小，身体被覆厚而密的软毛，长尾蓬松多毛，前爪接近手形。睡鼠常见于稀树草原，但在某些林地也能发现其踪迹。

帚尾豪猪是生活在非洲雨林中的唯一一种豪猪，是雨林中最大的啮齿类动物，体重约2.2~8.8磅（约1~4千克），体长为14.5~24英寸（约370~610毫米）。帚尾豪猪在夜间活动，在林地表层寻找食物。帚尾豪猪常会遭到人类的捕食。

蹄兔是一种类似啮齿类的小动物，耳小，腿短，无尾。蹄兔主要生活在林冠层，以植物为食。蹄兔与象和海牛的亲缘关系最近。与象相似，其上门牙形成长牙。

非洲热带雨林的灵长类体型差异很大，最小的丛猴（婴猴）体重还不到3.5盎司（约100克），而大猩猩的体重可达660磅（约300千克）甚至更重。灵长目可以分为两个亚目：原猴亚目和类人猿亚目。原猴亚目由较为原始的灵长类动物构成，但有些物种如狐猴，进化出了更独特的特征。典型的非洲雨林生物群体包括数个原猴亚目物种，比如非洲大陆的懒猴、丛猴、树熊猴和马达加斯加岛的狐猴。所有的原猴亚目生物都是树栖，在夜间活动。有些雨林中的灵长目群体也包括类人猿亚目，均为狭鼻猿。与新热带雨林的阔鼻猴不同的是，狭鼻猿的鼻中隔狭窄，鼻孔开向前下方，指甲和趾甲更加扁平，多数生有卷尾。狭鼻猿包括东半球猴类（猕猴亚科）和类人猿（人猿总科）。东半球猴类体型从中等至大型不等，包括短尾猴、长尾猴、黑长尾猴、戴安娜长尾猴、疣猴和狒狒等，多数为终生树栖，极少下至地面。

疣猴生活在林冠高层，跳跃距离很远。与其他东半球猴类不同的是，疣猴并没有对生的拇指。黑疣猴是非洲濒危程度最严重的物种。森林的滥伐使林地形成断续带，以及大量捕杀，使疣猴数量急速下降。

非洲热带雨林中共有三种类人猿：大猩猩、黑猩猩和小黑猩猩。它们与猴类的区别体现在四肢更长、无尾及脑容量更大。尽管没有猴类灵巧，但它们具有更强的管理和沟通技巧。大多数类人猿主要以植物为食，但生活在稀树草原上的黑猩猩也会食肉。大猩猩是灵长目中最大的动物，它们生存于非洲大陆赤道附近丛林中，食素。大猩猩有东西两大栖息地域。西部的栖息地位于刚果、加蓬、喀麦隆、中非共和国、赤道几内亚、尼日利亚，通称西部低地大猩猩。东部栖息地位于刚果民主共和国东部、乌干达、卢旺达，通称为东部山地大猩猩。西部低地大猩猩主要生活在刚果民主共和国低地的热带雨林中。东部山地大猩猩主要生活在刚果民主共和国、乌干达和卢旺达交界的维龙加山脉和布恩迪山脉中。大猩猩过着群居的生活，每群由一个被称为"银背"的成年雄性大猩猩领导。每个群体一般包括两到三只比较年轻的黑背雄性，几只雌猩猩和它们的孩子。大猩猩每晚都建筑新巢，雄性把巢建在地面或较低的树枝上，而雌性把巢建在树枝高处。大猩猩的主要食物是叶片、植物的茎和竹笋嫩芽。尽管人们普遍认为大猩猩生性残暴，但实际上大猩猩的性情非常温和。大猩猩已经受到保护，但依然经常遭到猎杀以供肉食。中非地区内战频发时期，很多难民和反政府军进入大猩猩生活的国家公园，杀死大量大猩猩。另外一种威胁大猩猩和黑猩猩生存的因素是埃博拉病毒。埃博拉出血热极为致命，导致中非地区数千只大猩猩死亡。

有三种黑猩猩的亚科生活在非洲雨林：东部黑猩猩生活在非洲中部

和东部地区，栖息地较为复杂，既有干燥的稀树草原，也有雨林；普通黑猩猩生活在中非的雨林和稀疏的林地中。西部黑猩猩主要分布在西非河流沿岸林地、半落叶林和雨林中。雄性黑猩猩的体重可达95～132磅（约43～60千克），而雌性黑猩猩通常为73～104磅（约33～47千克），不同的亚种会有所差别。黑猩猩通常为食果动物，但食物也包括种子、坚果、花、叶片、树脂、蜂蜜、昆虫、蛋类和脊椎动物，还包括几种猴子。白天，雄性黑猩猩成群捕食，雌性黑猩猩则带着子女沿途觅食昆虫、蛋类、果实和植物。每天晚上它们都会在树上用枝叶建筑新巢。猎食、准备食物和梳理毛发的过程中，黑猩猩会使用多种工具。黑猩猩同样也具有复杂的社交性互动和沟通技巧。

黑猩猩（学名Pan troglodytes），人类的近亲，它们是与人类血缘最近的动物，是黑猩猩属的两种动物之一，也是除人类之外智力水平最高的动物。近些年，由于黑猩猩和人类的基因相似度达98.77%（最近有些研究为99.4%），所以亦有学者主张将黑猩猩属的动物并入人属。原产地在非洲西部及中部。

小黑猩猩有时也被称作倭黑猩猩，仅栖息在刚果河以南，刚果民主共和国境内。毛黑色，但会随着年龄增长逐渐变成灰色。雄性小黑猩猩的平均体重约为85磅（约38千克），雌性约为66磅（约30千克）。小黑猩猩是食果动物，但在果实无法满足需求的情况下，也吃树叶、花、种子、树皮、根茎和无脊椎动物，以及小型脊椎动物，包括飞鼠和幼小的林地小羚羊。小黑猩猩通常在树上群居，群体规模为50～100只。与其他类人猿相似，晚上每个成年个体都会建巢。小黑猩猩被视为与人类最为接近的灵长类动物，能够展现出智慧、情感和敏感。小黑猩猩与人类的基因相似度高达98.4%。虽然猎捕小黑猩猩违法，但偷猎仍在持续，对小黑猩猩造成巨大危害，其数量已急剧下降，从1984年估算的10万头，下降至如今的5000头。

马达加斯加生活着许多种类的狐猴，这是马达加斯加独有的物种。

经过适应性辐射，它们占据了松鼠、猴类和树懒，以及某些鸟类动物在其他林地中的生态位。当前的观点认为，马达加斯加各个种类的狐猴是由6500万～6000万年前迁徙到该地的同一物种繁衍进化而来。虽然多个物种已经灭绝，马达加斯加岛上仍然栖息着5科14属32种狐猴。雨林中仍然可以见到体型小巧、喜夜间活动、筑巢而居的狐猴，如鼠狐猴；中等大小、白天活动，以树叶和果实为食的好动的狐猴，如环尾狐猴；小巧、树栖、夜间活动，以叶为食的好动狐猴；体型较大的食虫指猴。与其他灵长类动物一样，狐猴对某些雨林植物的种子传播和新苗萌发起到了重要作用。

非洲主要的大型食草动物都属于偶蹄目动物，其中许多生有偶数趾的有蹄类动物都生活在雨林中，包括霍加狓、邦戈羚羊、羚羊、林地水牛、河马、林猪和薮猪等。

霍加狓与长颈鹿有亲缘关系，看起来像是羚羊、长颈鹿和斑马的结合体。霍加狓的皮毛是深棕色或灰色，有助于融入阴暗的森林；腿部有像斑马一样的白色的条纹。臀部和腿的上部则有水平的黑白条纹。是长颈鹿唯一的尚未灭绝的近亲。霍加狓是独居动物，主要吃嫩叶和幼小的灌木；肩高为5英尺（约1.5米），体重450～650磅（约200～300千克）。霍加狓的行为极为谨慎，其栖息地仅限于刚果民主共和国境内雨林的小片区域。

雨林中栖息的几种羚羊包括邦戈羚羊、小岛羚和小羚羊。邦戈羚羊是一种大型羚羊，红棕色，背部有白色条纹。它的角向后外侧突出生长，以避免被林中浓密的簇叶卡住。它们用角把小树的根部挖出，以树根为食。与霍加狓一样，邦戈羚羊也独自生活。它能够极为灵巧地通过树林而不惊动其他动物。

小羚羊是瞪羚的一种，能够飞速奔入树林隐藏在浓密的灌木丛中，并以善于蹦跳闻名。非洲雨林中生活着15种小羚羊，有些广泛分布在林地间，有些则分布在有限地区。长头麂羚和斑背小羚羊仅存于利比里亚和科特迪瓦的现存雨林中。小羚羊的背部较圆，脖颈较短，头部离躯体很近，无角，皮毛颜色差异很大，从棕色到黄色和微红都有。很多种类的名称直接来自其毛色，如红背小羚羊、灰背小羚羊和黄背小羚羊等。小羚羊体重约为145磅（约65千克），身高仅为1.5英尺（约45厘米）。小羚羊最喜欢吃嫩芽和树叶，但有些会吃白蚁和小鸟。

尼罗河河马通常把家安在水中，但另一种河马却多安家在树林里。侏儒河马比尼罗河河马的体型小很多，而且外观上更接近猪；体重为350~550磅（约158~250千克），肩高约2.5英尺（约0.8米），头至尾长5英尺（约1.5米）。侏儒河马是西非当地动物，喜欢单独活动，单独或成对生活。尽管与大型河马相比，侏儒河马的喜水性较差，但这并不妨碍它们高超的游泳技术。食物包括植物的根、掉落的果实、树叶、水生植物、肉质植物和草。侏儒河马极为稀有，西非雨林地区大规模的伐林造田和非法猎杀者的交易，都是造成这种现象的原因。在好几个国家，侏儒河马都是濒危物种。

雨林中栖息的另一种大型偶蹄目动物是大林猪。大林猪主要在白天活动，喜欢栖息在水边的浓密灌木丛。体重可达390~605磅（约177~275千克），鼻至尾长6英尺（约1.8米）。林猪通常群居，成员数量在5~15头之间，在林中寻找果实、浆果、树叶、草和其他植物，以及蛋类和腐肉。大林猪数量稀少，仍然遭到猎杀以取其肉。人们用来维持生计或做商业用途，它们类似象牙的獠牙被当作交易品。小型林猪是生活在雨林中的猪科成员；薮猪喜欢夜间活动，是杂食动物。

森林象是非洲雨林中最大的食草动物，体型比非洲象小，更矮胖一些，长牙更纤细也更直（见图3.12）。森林象主要食草，食物包括树叶和果实，而在稀树草原则更多的是草。它们单独或以小群体活动，主要分布在中非的热带雨林中。在栖息地持续被毁、偷猎现象屡禁不止的环境下，森林象的数量急剧下降。森林象是大型种子植物的传播者，但它们在觅食过程中也会对植物造成损伤或毁坏：踩踏、连根拔起、啃光树皮

图3.12　森林象与大草原上的非洲象相比体型较小。该图拍摄于赞加国家公园　（加州科学院布赖恩·L.费舍尔提供）

和树枝等。通过这些方式，它们给林冠造成缝隙，使光线照射到地表，促进植物生长。

　　森林象面临多种威胁，需要在茂密的林中生存。当森林象的觅食范围超出林地时，更易引起人象间的冲突，这将直接导致闯入人类领地的森林象被捕杀。森林象更是非法狩猎的主要对象，象牙经常拿到国际市场进行交易。物种的保护和栖息地的留存势在必行。

拯救森林象和植物

　　森林象是栖息于稀树草原的非洲象的一个亚种，或是另外一个完全不同的物种，这个问题始终存在争议。最近的DNA鉴定结果表明，两者的基因差异足以保证将两者划归不同物种，但争论仍在继续。曾经盛极一时的物种，现在已经数量凋零，西非仅有数量很少难以延续的小群体得以生存，栖息范围也只剩原来的7%；中非的刚果盆地仍保有相对较多的数量。

森林象是机会主义取食者。一些特定的果实和行进距离会帮助人们找到森林象。通常，许多森林象的行进轨迹会指向同一株高大的麻扣油树（Tieghemella heckelii），森林象会聚集在此直到果实全部吃光。麻扣油树的果实巨大，果壳坚硬，只能依靠森林象来萌发新芽。在加纳的一个地区，森林象已经绝迹，麻扣油树也再无幼苗发出。另外一种森林象喜欢的食物是马钱子，一种生长在树冠层高处的藤本植物。其果实是黄绿色南瓜大小的球体，外壳极为坚硬，几乎没有任何动物能够食用。森林象却能够咬破外壳，吃掉里面的种子。马钱子种子会给森林象带来极大的兴奋作用。排出的种子会在森林象粪便的滋养下萌发新芽。

借助森林象传播种子和萌发新株的植物，最吸引森林象之处，是富含养分的果实、浓浓的气味和坚硬的外壳。森林象会帮助近30%的西非树种传播种子、萌发新株。几内亚李树、野杧果和熊猎植物等，都会结出果核巨大的果实，并依靠森林象传播种子，借助其粪便的滋养生出新的植株。随着森林象数量的锐减，这些林地树种的消失也无法避免。

非洲雨林中的食肉动物包括水獭、蜜獾、獴、灵猫、麝猫、豹，以及小型猫科动物。蜜獾是体型中等的夜间猎食者，外观上与臭鼬很像，背部有白色大条纹，穴居。食物包括小型脊椎动物和球茎及嫩叶。

獴科包括麝猫、灵猫和獴等，均为中等大小的陆生食肉动物，以昆虫和小型脊椎动物为食，有些种类也吃果实。麝猫很像家猫，夜间活动，在地面或树上捕食。灵猫的外观更像狐狸，陆生。较为稀有的水灵猫仅存于刚果民主共和国境内，主要食物是鱼类。棕榈猫的外形比其他的灵猫更像家猫，在夜间捕食无脊椎动物和小型脊椎动物。獴是小型肉食动物，毛色棕灰，头部很小，鼻子很尖，耳朵短且圆。獴的食物范围很广，包括小型哺乳动物、鸟类、爬行类、蛋类、蟹类以及多种昆虫。有些种类还会食用块茎、果实和浆果。冈比亚獴是一种濒危物种，仅分布在塞内加尔和尼日利亚。

马岛獴仅分布于马达加斯加，是马达加斯加最大的掠食动物。由于马达加斯加岛孤立于大陆存在，也少有其他食肉动物的竞争，马岛獴从未受到过生存危机，被视为"活化石"。其外观似猫，肢体纤细，腿短尾长，毛色红棕。在雨林和干旱林中都能生存，捕食范围包括地面和树上，以鸟类、蛋类、狐猴、啮齿动物和无脊椎动物为食。

几种体型中等或较大的猫科动物也栖息在雨林中。非洲金猫遍布非洲赤道雨林，其体型大概是家猫的两倍。野外环境很少会见到金猫，它们主要在夜间猎食啮齿动物、树蹄兔、鸟类和小羚羊，白天则在树上休息。豹是非洲雨林中最大的食肉动物，喜独居，夜间活动。它们的毛色差别很大，可能是稻草色点缀黑色斑点，也可能接近全黑。斑点图案在阳光斑驳的树林中起伪装作用。豹会潜伏接近猎物，然后迅速冲出将其捕获。短途冲刺时豹的奔跑时速可达60英里（约96千米）。猎食成功后，豹会将猎物拖至灌木丛中或者拖到树上，以防其他的猎食者和食腐动物争食。

鸟类　非洲雨林中生活着种类繁多的鸟类，但与新热带、亚洲和几内亚相比，非洲雨林的鸟类在数量上要略少。居于主导地位的科有杜鹃、翠鸟、犀鸟、鹎、伯劳、东半球莺、鹟、太阳鸟和织布鸟。这些鸟类从未在新热带雨林出现过，但多数却存在于亚洲太平洋地区雨林。

热带非洲以果实、坚果、种子为食的鸟类通常体型较大，颜色鲜艳。较大的体型就可以食用大型的果实，食物范围大大增加；较大的体型还能限制掠食者的种类，降低被捕食的危险。遭捕食的危险降低后，食果鸟类便能无所顾忌地进化出艳丽的色彩。色彩的作用是吸引配偶，同时也会对潜在的竞争者提出警示，还能让鸟类在色彩缤纷的花朵和果实中形成伪装。

蕉鹃科是非洲唯一的本地独有鸟类，全部23种都是食果鸟类，有时也吃树叶、嫩芽和花。有时它们会与其他鸟类混杂在一起觅食，包括绿鸠、犀鸟和巨嘴鸟。蕉鹃的圆形翅膀很小，尾却很长，所以飞行能力不强；但它们可以借助强有力的腿在树木间穿梭。多数蕉鹃的羽毛都艳丽异常，头上生有羽冠。最大的一种是蓝蕉鹃，体长可达30英寸（约750毫米）。

非洲雨林中另外一种色彩艳丽的食果鸟类是犀鸟，外观与新热带雨林中的巨嘴鸟非常相似，但两者并无亲缘关系。犀鸟的喙巨大沉重而又色彩亮丽，便于其在距栖息地一定距离的地方啄食果实。巨大的喙还可以完成炫耀、修建巢穴和抵御攻击等任务。除果实外，一些犀鸟也吃昆虫和其他小动物。

非洲雨林中几乎没有鹦鹉的踪迹，很可能是由于大量的松鼠和啮齿动物已经承担起了鹦鹉对果实和种子的消耗作用。非洲灰鹦鹉发音能力让人难以置信，优越的模仿能力是它在国际宠物市场上深受欢迎的主要原因。马达加斯加岛也几乎没有鹦鹉栖息。

非洲雨林中还有另外一类绚丽多彩的食蜜鸟类。雨林全年都有花朵开放和花蜜可食，给食蜜鸟类提供了源源不断的食物。太阳鸟是非洲雨林中主要的访花鸟类，体型非常小，羽翼鲜艳，在阳光下会闪现金属般的光泽。太阳鸟有细长微向下弯的嘴和管状的长舌，舌部尖端分为两半。太阳鸟强壮的腿和尖爪是攀爬雨林乔木的利器。太阳鸟并不是在飞翔中取食，而是停歇在花梗上吸食花蜜，因此许多由太阳鸟授粉的植物都进化出在枝干开花的适应性特征，便于太阳鸟栖息、授粉。非洲不同种类的太阳鸟占据了与其外观相似的蜂鸟在新热带雨林中的生态位，但两者并没有亲缘关系。

非洲雨林中食虫鸟类在数量和种类上都占据主导位置，大部分是一些棕色的小鸟，在林冠低层和地表植被层逡巡觅食，昆虫和细枝、枝干、树干、藤蔓和树叶上的节肢动物，都是它们的捕食对象。它们经常与其他鸟类组成混杂的鸟群行动，这些鸟类包括东半球莺、鹟、雀鹛、卷尾、绣眼鸟和啄木鸟等。太阳鸟和织布鸟也经常加入这样的群体。一些食虫鸟类会像新热带蚁鸟一样围聚在蚁群周围。

非洲雨林内栖息的地面鸟类的数量远低于新热带和亚太地区，更没有大型地面鸟类。体型极为巨大的象鸟曾生活在马达加斯加岛，但现在已经灭绝。小型地面鸟类包括珠鸡、鹪鸪和刚果太阳鸟。

食肉鸟类和食腐鸟类极有可能是造成物种抗捕食适应性（如大型群体行动）的原因所在。冕雕是猴类的主要天敌，也会猎食其他多种哺乳动物和鸟类；马达加斯加岛的亨氏鹰则捕食狐猴。其他猛禽的猎物多特化为蛇类、蜥蜴，甚至是黄蜂。雕鸮，非洲最大的猫头鹰，以夜间活动的飞鼠为主要猎物。尽管西半球秃鹰在美洲雨林的作用极为显著，但非洲雨林中却并没有东半球秃鹰的踪迹，虽然它们在林地和稀树草原的数量极多。

鸟类以及非洲雨林中的其他动物，都面临着乱砍滥伐、土地类型的转换和人口增长所带来的威胁。热带鸟类数量的平衡与否取决于雨林是否保持在其自然状态，而雨林正在迅速消失。将鸟类用于商业交易也应该为非洲鸟类不断走向灭亡负一定的责任。

爬行类和两栖类 非洲热带地区的温暖气候使其成为爬行类和两栖类等冷血动物理想的家园，栖息着种类繁多的蜥蜴、鳄鱼、龟、变色龙和蛇，以及蛙类、蟾蜍和少数蚓螈。初步的统计数据、物种简述和博物学笔记会提供一部分线索以了解爬行类区系的物种构成，但对于具体存在的物种、其进化关系及其地理分布，我们却知之甚少。由于雨林的自然和地理条件的限制，对雨林进行透彻的研究很难实现。

超过100种蛇类生活在非洲热带雨林中，世界上最大的蛇、最小的蛇和据记载速度最快的蛇都生活于此。岩蟒是世界上有文字记录的最大的蛇，比南美洲的蟒蛇还要大。科特迪瓦雨林中曾发现过一条长达33英尺（约10米）的岩蟒。蟒是绞杀类蛇，通过缠绕紧压的方式将猎物杀死。其他的蟒蛇，包括穴居蟒和皇蟒，在非洲雨林中也有分布。

世界上最小的蛇类是非洲蠕蛇或盲蛇。它们的体长只有6英寸（约15厘米），其躯干直径与蚯蚓差不多，以无脊椎动物为食，住在白蚁蚁穴中。

非洲雨林中还栖息着许多危险的蛇类，但多数难觅其踪。有毒蛇类主要属于蝰蛇科、黄颔蛇科或眼镜蛇科。蝰蛇类有金蝮蛇、犀咝蝰、丛蝮蛇、穴蝰、夜蝰、咝蝰、嗜蛇蝮、羽吻蛇和树蛇。非洲树蛇是一种生活在非洲雨林的树栖有毒黄颔蛇，是黄颔蛇中毒性最强的。雨林是眼镜蛇科中水眼镜蛇、树眼镜蛇和黑唾蛇的家园，黑唾蛇能够把毒液雾化，喷射到20英尺（约6米）以外。

眼镜蛇科有绿曼巴和黑曼巴，非洲雨林中毒性最强的蛇类。黑曼巴是非洲最大的毒蛇，它们强力的毒液会直接攻击猎物的神经系统，而且没有任何抗毒血清可以化解，将会100%致命。黑曼巴也是世界上速度最快的蛇类，短途冲刺的速度能够达到10～12英里/时（约16～19千米/时）。黑曼巴蛇生活在中空的昆虫丘穴、废弃的地洞和岩缝里，白天猎食小型哺乳动物、鸟类和蜥蜴。和其他蛇类不同的是，曼巴蛇一旦遭遇险境就会反复不断地展开攻击；曾有曼巴蛇毒杀长颈鹿和狮子的报道见诸报端。

非洲雨林也是少数陆龟和水龟的家园，种类有锯齿铰背龟、霍氏铰背龟、鳖和侧颈龟。非洲雨林中龟类的数量仅为新热带雨林中的四分之一。

蜥蜴很可能是非洲雨林中最常见的爬行动物，巨蜥、鬣蜥、蠕蜥、变色龙和壁虎都在这里生活。它们的主要食物是无脊椎动物，有些种类也会吃幼树的嫩叶。有些蜥蜴进化出一项本领：当受到掠食者袭击时，它们会主动丢弃尾巴，趁机逃生，给掠食者留下一小段尾巴作为猎食的收获；随后蜥蜴的尾巴会再生出来。

巨蜥是雨林中最大的蜥蜴，在非洲约有20个种类。尼罗河巨蜥能够长到6.5英尺（约2米），以鳄鱼的幼仔和卵为食。鬣蜥，或称东半球鬣鳞蜥，遍布非洲和亚洲大陆。雨林为几个属的鬣蜥提供了栖息地，它们完全适应温暖潮湿的林地生活。鬣蜥喜欢白天活动，体型相对较大，披覆鳞甲，身生尖刺，头部巨大。多数雄性鬣蜥头部皮肤色彩鲜艳。石龙子皮肤闪亮，生有长尾，移动速度很快，生活在森林地表层。非洲的热带地区还栖息着四种蠕蜥。

壁虎是另外一种蜥蜴，体型很小，多数在夜间活动，皮肤柔软，浅黄色，近乎透明。壁虎长着带有刚毛的护趾，能够紧紧依附在不规则的物体表面上。与多数蜥蜴不同的是，壁虎会发出啾啾声或犬吠声。它们主要的食物是昆虫。

变色龙与蜥蜴在体型大小和形状上有很大不同。这种爬行动物移动缓慢，生活在树上或灌木丛中。它们的头部很大，旋转的眼睛可以分别观察各个方向。在卷尾的帮助下，它们可以用四肢牢牢抱住树枝，像夹

致命的爬行动物

非洲雨林中还生存着另外一种危险的大型爬行动物——鳄鱼。在最湿润的林地、棕榈沼泽和开阔水域中，一共栖息着三种鳄鱼：西非侏短吻鳄是其中体型最小的，以小型脊椎动物、大型无脊椎动物和甲壳类动物为食。细吻鳄栖息在中非和西非热带雨林中的潮湿地带，体型中等，主食鱼类、两栖动物和甲壳类动物。尼罗鳄是体型最大的非洲鳄，体长可达16～20英尺（约5～6米）。成年雄性尼罗鳄体重能达到1100磅（约500千克），有些可达2000磅（约900千克）。它们的主要食物是鱼类，但也会捕食两栖类、爬行类、鸟类和其他接近水边的脊椎动物。成年尼罗鳄能够捕食羚羊、水牛、非洲野猪、猴类、猫科动物、其他鳄鱼，有时还会吃人。

子一样固定在上面。变色龙最出名的是融入环境的能力，它们能够变换颜色，从绿色到棕色或从棕色到黄色，完全与周围环境融为一体。半数以上的变色龙生活在马达加斯加岛。

　　非洲雨林中的各个部分都拥有独特的蛙群。在雨林中树蛙的数量最丰富，它们一生中的大部分时间都是在乔木或灌木上度过的。树蛙的肤色差别很大，深至棕色，浅至绿色，有些则颜色鲜艳并带有黑色条纹。树蛙的趾上长有黏质的圆盘，很适应树上生活。它们把卵产在树枝间或芦苇上的泡沫状巢穴里（见图3.13）。非洲的树蛙与新热带生物群落中的箭毒蛙占据相同的生态位，但相互间却并没有亲缘关系。有些蛙的皮肤能分泌神经毒素。雨林中也能找到芦苇蛙、水生爪蟾、长褶雨滨蛙和牛

图3.13　雨林中的蛙类如海树蛙在林地内的树叶上中产卵，以避免其他生物的捕食（加州科学院罗伯特·德鲁斯博士摄于圣多美岛）

蛙的踪迹。

　　非洲雨林中有许多蟾蜍。它们颜色各异，很多能够利用肤色融入落叶层和树木中，难以发现；其他的则呈现出鲜艳的蓝色、绿色或黄色。蟾蜍的体型也是大小不一。与蛙类相似，很多蟾蜍为地方性独有，在林地中的分布也有很大的局限性。旱栖蟾蜍之所以成功地在非洲和南美洲生存下来，多数观点认为非洲是这种蟾蜍的发源地，后来才传播到美洲。

　　蚓螈是无肢的两栖类动物，数量并不多，同样生活在非洲雨林里。蚓螈的外形很像蠕虫或小蛇，皮肤闪亮。在南美洲、非洲和亚洲的热带雨林中，都能找到蚓螈的踪影，能够说明在冈瓦纳古大陆分裂之前的古代，这种生物就曾广泛分布。蚓螈通常生活在地面以下、林地土壤里或落叶层中，以无脊椎动物为食。

　　昆虫及其他无脊椎动物　　无脊椎动物占世界上全部物种的大多数，但对它们的研究却最少。雨林中栖息着昆虫、蛛形动物和甲壳动物，探明的种类超过100万种，很可能还有数百万种有待确定。

　　甲壳虫（鞘翅目）是目前已知的非洲雨林昆虫中种类最多的一个目。数万种鞘翅目甲虫已经列入记载，但新发现的物种仍然层出不穷。甲壳虫的长度为0.25~5英寸不等（约6~130毫米）。许多甲壳虫都有自己特化的生态地位。多数以植物为食，其他的与分解质密不可分，还有一部分营寄生生活。一些甲壳虫能够把树木转化为尘土，清理尸骨，传播花粉和种子，为土壤施肥，修枝剪叶，还能给其他动物提供丰富的蛋白质来源。金龟子科，包括蜣螂，主要在废弃物和分解物中取食。巨型甲虫是非洲甲虫之中最大的一种。

　　蝶类和蛾类（鳞翅目）是人们在全球热带雨林的物种中研究较多的一个群体。据估计，非洲雨林大约拥有新热带雨林或亚太雨林半数左右的蝶类，即便如此，非洲雨林的蝴蝶种类也远远超出其他陆地群落。非洲雨林中已经确认的蝶类有2720种。对蛾类的研究不及蝶类，因此对其物种数量和生活史所知较少。总体来看，非洲雨林中生活着超过2万种蝶类和蛾类。有些蝶类以花蜜为食，有些选择水果、动物粪便或尸体，甚至是动物的汗液作为养料来源。蝴蝶科在非洲雨林种类繁多，包括凤蝶、王蝶、棕蝶、白蝶、蓝蝶、喙蝶和若虫，大多色彩艳丽，作为食物则口味很差，有些有毒。非洲并不存在当地特有的蝴蝶，凤蝶是体型最大的非洲蝶类。非洲大凤蝶的翼展有10英寸（约25厘米），比大型蓝凤蝶还要略大一些。

白蚁（等翅目）在非洲雨林的种数和生物总量都很可观。这种社会化的昆虫对于维护热带雨林的生态系统居功至伟，尤其是为土壤提供养分的白蚁。它们食用死亡植物的能力让它们成为雨林中不可缺少的成员。白蚁是低地雨林里处于主导地位的分解者，能够清除全年落叶的三分之一左右，把它们完全分解或者转换成更适于其他分解者处理的物质。白蚁本身也是某些食物特化的林地物种的重要食物来源，如穿山甲。多数生活在地下或死亡的树木里，有些种类也会筑起丘穴或在树上建巢。与蚂蚁类似，白蚁也为群居，蚁群数量可从数百只到几百万只。

非洲雨林中白蚁主要有三个科：干木白蚁、湿木白蚁和高地白蚁。干木白蚁尽管在全世界都有分布，但其在热带雨林的数量较少，它们被高地白蚁所取代。湿木白蚁以直立或倒伏的潮湿腐烂树木为食，这种低地白蚁的消化道内有一种和它们共生的原生动物。没有这些原生动物，白蚁就无法消化纤维素，而纤维素是白蚁主要的食物构成。高地白蚁，占非洲全部白蚁的73%。这种白蚁并没有像湿木白蚁那样的共生原生动物，但它们的后肠里却存在着能够帮助消化和吸收的厌氧菌群。这个群体有一个亚科叫作食土白蚁，占据非洲雨林白蚁属的大部分，并有观点认为食土白蚁就发源于非洲。这一亚科中的很多白蚁在其他地区均难觅其踪。高地白蚁还有一个亚科叫作植菌白蚁，主要以死去的树木和叶片为食。它们与一种在其粪便上生长的真菌形成共生关系。真菌会分解白蚁的粪便，并转化为可为白蚁所用的食物。这一亚科的大部分种类都是非洲独有的当地物种。第三类亚科（象白蚁亚科）是体型最大、特

化程度最高的一个群体，既包括食木白蚁也包括食土白蚁。它们的食物
包括腐烂的树木、干枯或腐烂的树叶、地衣、苔藓和土壤中的分解有机
物。这个群体在非洲的数量虽然庞大，但若与新热带和亚洲雨林相比，
却在数量和种类上都相差甚远。

非洲雨林的蚂蚁、蜜蜂和黄蜂（膜翅目）同样数量繁多。它们生活
在林冠各层，食物来源也丰富多样。冈瓦纳古大陆分裂前进化出的行军
蚁在新热带和非洲雨林都有分布，并且具有很多共同特征。它们的活动
范围具有很强的选择性，这会增加潜在猎物的种类，包括大型无脊椎动
物和小型脊椎动物；蚁群的活动也具有很强的流动性，当超出某一地区
的食物承载能力时，就会移向新的蚁穴。

矛蚁在西非和刚果的林地中随处可见。它们起到的作用与新热带地
区的行军蚁极为相似。矛蚁是所有昆虫中聚居群体最庞大的生物，数千
万只工蚁排起长列，组成巨大的阵形，以每小时65英尺（约20米）的速
度前进，在雨林中四处横行，搜寻猎物。它们会攻击其他昆虫、小型脊
椎动物（包括鸟类），以及任何挡在它们前进道路中的动物。如果猎物
的体积太大，无法搬运，矛蚁大军就会把猎物撕成与它们大小相似的碎
块，再搬回蚁穴。据当地猎人介绍，雨季时，蚺在进食前会搜寻矛蚁的
踪迹，因为一旦吞下较大的猎物，蚺的移动速度就会变慢，很容易受到
矛蚁大军的攻击。

织工蚁是一种林冠蚁，一生都生活在林冠层内。它们会用植物的叶
片和幼虫吐出的丝织成巢穴。其他蚁种会与林中的植物进化出共栖关
系。一些雨林植物在花朵外部生有蜜腺，便于蚂蚁造访。蚂蚁以高糖的
花蜜为食，并以植物为庇护所，在此过程中蚂蚁也会保护植物免遭食草
昆虫的侵袭。蜜腺的生长位置多在植物最娇嫩的部位，比如新叶和新茎处。

蜜蜂科生物是非洲雨林重要的授粉媒介。蜜蜂在其所属的目中进化
程度最高，同样也是源自非洲的本土物种，因此非洲的蜜蜂种类也最
多。多数蜜蜂都具有高超的飞行技能，遇到威胁也会施以毒针。世界上

其他地区的非洲杀人蜂是引进到该地或杂交变种后的非洲蜜蜂，极具攻击性，给人们带来了巨大的麻烦。

在雨林中生活着不计其数的蛛形动物。穴居蝎、鞭尾蝎及其他种类随处可见。西非是体型最大的蝎子的家园，帝王蝎体长6~8英寸（约15~20厘米），主要在夜间捕食。雨林中蜘蛛的种类也很丰富。蜘蛛为食肉生物，主要捕食昆虫。

数量众多的节肢动物在非洲热带雨林中的作用也不可小觑。千足虫是食腐动物，以其他的节肢动物、蠕虫和小型脊椎动物为食。蝗虫、蟋蟀、竹节虫、叶虫、蟑螂、螳螂、苍蝇和跳蚤都能在雨林中找到适合自己的生态地位。

人类对非洲雨林的影响

人类对非洲雨林形成巨大的影响。虽然人类源于森林或森林附近的区域，但很快就迁移到更适宜的环境。直到公元前900年，人类才返回森林形成小群体，依靠打猎、采集果实或小规模的刀耕火种的方式在林中生活，对森林几乎没有明显的影响。甚至近至800年前，人类对森林的影响都处于最小程度。人们对于森林的使用方式并不包括取用木材，而仅限于收集树叶、果实、真菌、蜂蜜、染料、树胶和药物。为林地动物的捕猎提供了蛋白质来源，而捕捉小动物、蛇类和甲壳虫对森林并未造成影响。

随着人口的增加，林地动物的捕杀数量也在不断上升，但直到20世纪才显现出较大的影响。在林地附近区域居住的人口增加，农业出口对清除森林的需求，以及木材制品的发展对森林都构成了限制。人类数量不断增长，进一步对森林的侵害及对生存其间的动植物带来了巨大破坏。大型种植园毁掉雨林以栽种棕榈树、橡胶树、可可和咖啡。其他地区则为进行短期农业而砍光木材或焚毁林地。

西非的热带雨林几乎损失殆尽，仅剩一些较晚栽种的次生林。这种情况在科特迪瓦和塞拉利昂尤为明显。利比里亚保存下来的林地区域较大，对国家公园也形成一定的保护。许多森林划为可以砍伐的森林保护区。在有些国家，过度使用使得土地变为沙漠，这些国家的人们不断移到西非，但这些移民并不清楚森林所承受的压力，给西非的森林带来了大规模破坏。随着森林的破坏，动物也濒临危险。没有森林覆盖的土地带来了气候的变化，进一步给林地边缘地区带来问题。

黄金、钻石和铁矿开采是另外一种对森林的巨大冲击，尤其是在刚果。石油开采和钻探也是不断增加的威胁。石油公司并不安全的作业流程会对森林形成侵蚀，已经污染了大片森林，尤其是在岸边和林地水系区域。

刚果盆地迅速成为濒危生态系统。把林地转为耕地以满足贫困农民解决生计的目的，以及燃料需求是对刚果雨林形成破坏的主要因素。修筑的公路直达林地，于是伐木业随之而来。商业砍伐，伐林开荒，以及大范围的内战对森林损毁严重。非法捕猎不断加剧，使得众多动物的数量剧减。随着西非和中非的战争和动乱逐步停止，更多的林地开放为伐木区。多数未处于保护状态的林地被政府赋予采伐的特许权，一些保护区也获得了非法批准。非法采伐已经成为极为严重的问题。腐败的官僚开放了严禁采伐的区域以换取经济报偿。当前的采伐是否具有可持续性很值得怀疑。虽然伐木业是当前非洲就业的主要渠道，更是数以万计的非洲工人获取最基本的医疗和其他服务的途径，但以现有速度进行砍伐从长远来看也难以为继。

武装冲突、部族战争和革命造成数百万流民，他们逃进森林地区寻求保护与和平。这些人多出于生存的需要，捕猎动物，砍伐树木，给森林体系带来严重的破坏。在一些国家公园和保护区，员工受到反抗群体的威胁或被杀死，珍稀动物遭到非法捕杀。

在农耕无法提供较为经济的蛋白质来源的情况下，兽肉贸易成为另一大威胁。雨林动物提供的肉食是乡镇人口主要的蛋白质来源。伐木业开通的公路更为狩猎提供了便利条件，在刚果盆地，随着商业性砍伐的扩展，兽肉贸易也在不断扩大。

我们曾在上文中提到过，埃博拉病毒导致人类和数千只大猩猩死亡，至少有5000只大猩猩死于这种病毒，其威胁更甚于偷猎。大猩猩感染这种病毒的死亡率高达95%，黑猩猩的死亡率达77%。研究人员估计在过去的12年中，由于埃博拉病毒爆发而死亡的大猩猩数量占全球总数的25%。为大猩猩注射埃博拉疫苗正处于努力实施阶段，但其经济投入却令人望而生畏。

随着越来越多的国家意识到自己故乡的宝贵财富，并采取措施保护林地和生物多样性，非洲雨林仍然有希望得到保护。加蓬政府在全国范围内建立大型国家自然保护区，其总面积占整个国土面积的10%。刚果共和国建立了两个新的保护区，面积达3800平方英里（约1万平方千米）。

众多国际的和非洲的环境组织正在致力于保护非洲最后留存的热带雨林。2007年，世界银行发动了一个试点项目，为热带国家提供资金以避免森林被砍伐，筹集了25亿美元的基金用以表彰在保护森林减少温室气体排放工作中成绩优异的国家。热带的毁林活动形成的温室气体占全球温室气体总排放量的25%，而完好的热带雨林则能吸收并储存二氧化碳。减缓毁林活动对减缓气候变化以及保护雨林和生物多样性来说效益明显。

非洲雨林对于保持全球的生物多样性来说意义非凡。我们对于非洲雨林的研究已经持续了数十年，但仍有更大的空间去研究森林以及居住其间的动植物。每一次更深入的研究都会带来新的发现，都会有新的物种得到确认。稳定的政府、对可持续发展的致力追求、可持续的森林管理和生态旅游，将为当前和未来的非洲热带雨林保护事业带来强有力的支持。

亚太地区雨林

　　热带雨林生物群落的亚太区域涵盖了全世界雨林面积的25%。这个地区也被称为印度-马来亚或者印度-亚洲热带雨林，以及亚洲热带植物区。热带雨林的北部位于属于热带的纬度区域内，沿着斯里兰卡和印度西海岸，从亚洲大陆内的孟加拉和缅甸一直穿越泰国、老挝人民民主共和国、柬埔寨和越南，进入中国东南部以及菲律宾。热带雨林的核心部分位于马来半岛和中国南海的各个岛屿，马来西亚、文莱、沙捞越（马来西亚的一个邦）以及印度尼西亚的岛屿之上。热带雨林在新几内亚和澳大利亚的东北部，向美拉尼西亚、密克罗尼西亚和波利尼西亚的太平洋各个岛屿继续延伸。热带雨林的主要部分位于北纬11°和南纬11°的地区之间（见图3.14），区域内的热带雨林边缘是季雨林和热带稀树草原稀林。在中国的南部，由于有着来自太平洋暖湿海风的滋润，带状的热带雨林区一直延伸到北纬26°的地区。热带雨林出现在印度的两个不同的地区内，分别是靠近缅甸边境的阿萨姆邦北部地区，以及印度大陆西海岸沿西卡德丘陵分布的一条狭窄地带。历史上，热带雨林的范围很广阔，目前热带雨林估计约有61万平方英里（约158万平方千米）。

亚太地区热带雨林的起源

　　如第二章中所指出的，在5500万年前的第三纪时期，几乎形成一条从非洲开始横跨欧洲并延伸到亚洲以及东南亚，又深入远东地区的连绵不断的热带雨林带。这道雨林带偶尔会被海道阻断，但亚非两大洲却共享很多相同的动物种群。大约1000万年前，逐渐变得凉爽和干燥的气候把两个地区分离开，并逐步向热带稀树草原和沙漠进化发展，两地的联系也从此被切断了。在更新世纪时期，更加干燥和冷却的循环周期明显地限制了非洲的热带雨林和新热带地区的发展，却被认为对亚太地区的

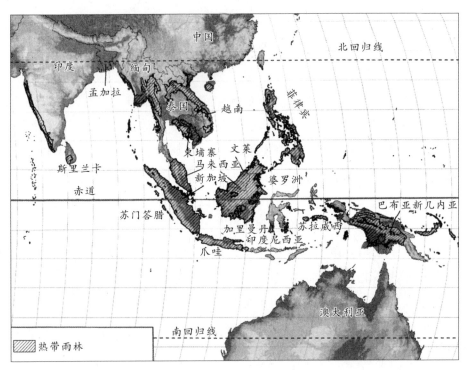

图3.14　亚太地区热带雨林的分布　(伯纳德·库恩尼克提供)

雨林造成了较小的影响。

4000万年前，澳大利亚和新几内亚岛屿从包括南极洲和南美洲的大型陆块上分离开来，并开始向赤道方向漂移。由于与世界上的其他地区完全隔离，这块超级岛屿开始进化出它独有的动植物群落。但在分离开始的时期，澳大利亚地区并没有像今天这样湿润的热带雨林。随着大洋洲板块向赤道方向漂移，气候开始改变。气候变得更温暖湿润，正如今天在该地区所发现的前驱生物体所显示的一样，这里发展出了独特的植物和动物种群。随着大洋洲地区持续地北移，板块同亚洲大陆开始碰撞(约3000万~2000万年前)。这使得亚洲物种扩散到该地区。亚洲和大洋洲动植物群落之间的一些物种间的差异还是存在的。位于婆罗洲（加里曼丹岛）和苏拉威西岛（西里伯思岛）、巴厘岛、龙目岛更南端之间的华莱士生物分界线定义了巽他陆架的终点，实际上就是亚洲大陆板块在大部分印度尼西亚地区的浅延伸（见图3.15）。陆架边缘的深海沟对物种的扩散是一个显著的阻碍，从而保持了物种（尤其是哺乳动物）的独特性和隔离性。

气候环境

遍及亚太地区的雨林都是热带气候。在所有季节里都是炎热潮湿，气温变化很小。季风控制着这一地区大多时间里的气候，并产生了四

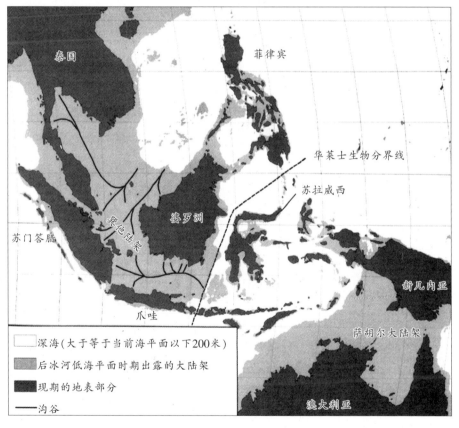

图3.15 华莱士生物分界线标明了巽他陆架的终止位置，同时把马来亚的东西部分地区划分开 （伯纳德·库恩尼克提供）

季。一场季风在数月内成为盛行风，然后就会反转方向。西南季风的季节为5月份到9月份，给印度和孟加拉的热带雨林带来了强降雨和疾风。而它给亚洲东南部和澳大拉西亚带来的极端天气却少得多。从11月到3月份为冬季，是东北季风的季节。源自寒冷的亚洲北部地区强劲的北风和东北风，夹杂着热带风的同时也带来了极端的天气，有强降水和台风，一直吹到东南亚和澳大利亚。沿着印度大陆的这股季风更温和些，所以那里产生的降水也少些。在这段时间里，气候维持着炎热和潮湿的状态，风力和降水尽管还是延续的，却比季风季节时要小多了。

亚太地区的雨林年降水量超过了80英寸（约2000毫米），降水全年都有分布。在很多地区，降水可以超过120英寸（约3000毫米），尤其是在婆罗洲西北部和新几内亚地区。如前面所提及的，除季风季节有所减少外，在某些地区降水可以持续1~4个月的时间。在新几内亚这样的地区，没有通常所说的干旱季节，季风的影响也不是十分显著。

日平均气温约为87℉（约31℃），夜晚低至72℉（约22℃）上下。月内平均温差小于4℉（约2℃），但是，在某些其他的雨林区，一天内的气温差可以达到14℉（约8℃）。全年的平均湿度为70%~80%。

季风的周期变化会导致长时间的干旱。天气炎热干燥的时节会令环境变得脆弱而易产生火灾。过去一段时间里，火灾曾经数次弥漫开来，从而摧毁了大片雨林。从东太平洋产生的厄尔尼诺现象也影响到这一地区。在厄尔尼诺现象发生期间，季风风力减弱并被推向赤道方向，从而使热带雨林产生了一个长期干旱时节。这种不利的现象，对区域内的贫困国家来说是具有毁灭性的灾难。因为它会造成大范围的农作物歉收以及食物短缺。一些研究者认为，在亚太的雨林地区非常普遍的大面积开花的情形是由厄尔尼诺现象造成的。

其他对热带雨林造成非常重要影响的还有热带气旋（台风或飓风）。受到它们影响最大的地区位于北纬和南纬10°~20°之间，这包括了孟加拉、菲律宾和深入大洋洲南部地区美拉尼西亚的大部分地区。由于气旋周期

华莱士生物分界线

阿尔弗雷德·拉塞尔·华莱士是一位卓越的生物地理学家。他同查理·达尔文一样，是英国维多利亚时代建立在进化论基础之上的博物学家。达尔文认为物种的进化源于它们之间的直接竞争，最适者得以生存。而华莱士则认为进化的机制是环境。华莱士遍游了整个热带地区，在马来亚和太平洋地区花费了大量的时间。在旅行期间，他注意到新几内亚和龙目岛同其西部临近岛屿——巴厘岛和婆罗洲岛上的鸟类以及哺乳动物看起来差别极大。他还注意到新几内亚和龙目岛上的动物实际上同澳大利亚的物种很相似，而巴厘岛和婆罗洲上的动物却更像亚洲物种。

其实他并不知道所看到的就是板块活动的结果。新几内亚和龙目岛、帝汶岛、弗洛雷斯岛和苏拉威西岛（西里伯思岛）是澳大利亚板块的一部分，而它们西部的那些岛屿却属于亚洲板块。华莱士画出了分割这些地区的一条线，直到现在这条线还被称为华莱士生物分界线。华莱士生物分界线标志出了胎盘哺乳动物和有袋类动物的分界点，以及这两个区域内的鸟类和植物的区别。它也同时将马来亚的东西两部分划分开来，西马来亚的各个岛屿都坐落在巽他陆架之上，在冰河后期这个很浅的大陆架显露出来，植物和动物得以在岛屿之间自由迁徙。大洋洲板块的岛屿位于萨胡尔大陆架之上。这两个相邻的大陆架目前只相隔15.5英里（约25千米）。而横亘其间的一条深海沟却形成一个强大的屏障阻碍了物种的迁徙。

性地入侵热带雨林，这一地区的森林分布所具有的特点是，快速生长并具有喜光性的先驱植物往往占据主导地位。其他能够影响热带雨林并具有毁灭性的活动包括地震、山体滑坡、火山活动和海啸。随着对热带雨林大范围的破坏性影响，也给生活在该地区的人群带来了灾难性的后果。

土壤条件

亚太地区雨林的土壤同其他雨林的土壤相似，而每个土壤类型所涵盖的土地面积的百分比则显著不同。高度风化和贫瘠的氧化土占据了新热带地区和非洲土壤的大部分，而在亚太热带雨林地区，它们只占3%。氧化土在婆罗洲、苏门答腊、爪哇、苏拉威西和菲律宾的岛屿上，以及泰国和马来西亚大陆上以小面积、不完整的方式出现。

老成土是亚太地区热带雨林中最丰富的土壤。它们在马来西亚、苏门答腊、婆罗洲、苏拉威西和东菲律宾的森林中占据了重要部分。像氧化土一样，老成土也是高度风化而又贫瘠的土壤。由于其深层的黏土层的原因，老成土很容易被侵蚀而流失。

新开发土和新成土在这一地区内的分布范围相当。有三种重要的新开发土：潮湿始成土（潜育土）、火山灰始成土（暗色土）和热带始成土（始成土）。虽然曾经是森林，但在亚洲的热带地区，潜育土现在已经变成稻田。它们土质肥沃，为大量人口的生存提供了支撑。暗色土源自火山并且异常肥沃。它们是菲律宾、印度尼西亚和新几内亚地区的重要土壤。始成土是排水性良好的非火山灰类土壤，在亚太地区占据了很大的面积。在贫瘠并且颜色发红这点上同氧化土和老成土很相似。在这一地区所发现的新开发土壤中，始成土占据了超过一半以上的数量。

新成土也被分成三个组别：冲击新成土（冲积土）、石质土壤组别（石质土）和砂新成土（红砂壤和粗骨土）。在亚太的雨林地区所发现的新成土有超过三分之一以上为冲积土。它们排水性良好，是由于洪水的原因沿着河谷而新形成的淤积土。它们是最富饶的农业类型土壤，在亚洲，它们已经被大面积地改造成稻田。在亚太地区另外40%的新成土属于石质土壤组别（石质土）。它们是位于陡坡处，靠近岩石露头处的很薄的土壤。砂新成土是很厚的沙质土壤，酸性强而土质不肥沃。热带石楠林或者荒地森林都是生长于这种土壤之上。在亚太地区，这种土壤出现在婆罗洲和苏门答腊岛上。

其他的土壤类型为有机土和淋溶土，并伴随着少部分的灰土、旱成土、变性土和软土。同新热带和非洲雨林地区占主导地位的贫瘠土壤相比，亚洲33%的土壤相对来说都很肥沃。

植被状况

从植物学的角度来说，这一地区被称为马来亚，并被拆分为两个或者并不是那么明显的次区域。西马来亚包括印度、东南亚、菲律宾、马来群岛、文莱和包括婆罗洲在内的印度尼西亚。东马来亚包括了华莱士生物分界线以东的区域：苏拉威西岛、龙目岛、新几内亚及其附近的热带岛屿，还有澳大利亚的东北部。（马来亚这个术语不能够同马来西亚这个国家的名称相混淆。）

林地结构   亚太地区热带雨林的植物种群丰富多样。超过世界一半以上的开花植物的科在这里都有代表。已知的大约有2400个属和2.5万～3万个物种，其中很多都是地方性物种，尽管不同岛屿间，物种地方性的程度是有所不同的。乔木大多数都是常绿的，在热带雨林边缘上有些半常绿乔木同季风林融合在一起。物种的多样性同新热带和非洲热带雨林相同或者稍高。在婆罗洲的一项研究中发现，在面积为2.4英亩（约0.01平方千米）的土地上有300多种不同的树木得到了确认。

林地结构包含了几个带有相互交织的藤蔓植物和附生植物的林冠层（见图3.16），为森林生物创造出多层次的栖息地，包括灌木层和表层。亚太地区雨林的结构同它们的同类比较来说有些许不同。尽管具有鲜明特征的几个林冠层是显而易见的，但露生层树木通常都是由同一个科目甚至很多时候是同一个物种簇拥而成的。很多组成林冠层的树木都是龙脑香树（龙脑香科）。尤其是在西马来亚森林中（见图3.17），从鸟瞰图看，可以明显地看到一组组形态独特的露生层乔木从林冠层上生长开来。露生层乔木非常高大，通常有195～230英尺（约60～70米）高。像

图3.16　亚洲雨林的群落结构包括远远高出主林木层的龙脑香科乔木　（杰夫·迪克逊提供）

图3.17　苏门答腊雨林沿山蔓延，但也正遭到快速的毁坏。图片拍摄于印度尼西亚苏门答腊岛的亚齐省勒塞山国家公园　（加雷斯·贝内特提供）

其他地区的露生层乔木一样，它们中很多都生有加固基。

在很多地区，露生层下层的树木也以龙脑香树为主，它们高达100~135英尺（约30~41米）。林冠层中的其他类型树木有无花果（桑科树木）、月桂树（樟科树木）、美果榄（山榄科树木）、桃花心木（楝科树木）以及豆荚树（蝶形花科树木）。龙脑香和豆荚类树木喜偏沙质类型的土壤，而其他科树木则会在不肥沃的铝红土（氧化土和老成土）中生长。

亚太地区热带雨林的林下植物层包括了灌木和树苗在内的主林木层树木，它们能够在有限的光照条件下得以生存。棕榈树数量尤为丰富。少量植物生长在森林的林地层，草类和蕨类植物同主林木层树木的种子混杂。可见的开花科类植物有姜、莎草、天南星科植物、非洲槿和兰花。林下植物层和林地层上还有穗蕨样苔藓生长。

龙脑香科植物 西马来亚的雨林同世界上其他地区的雨林有所不同的原因就在于，在这里有一个科目的植物是占据主导地位的，它就是龙脑香科植物。这个科目的名称是"双翅水果"的意思，很直观地描述出这类植物果实的外观，其尺寸和形状差别很大。本科植物中的几十个属以及数以千计的物种都几乎完全是在这一地区被发现的。龙脑香科植物已经在地球上存在了很长一段时间了，在这个地区发现的龙脑香科花粉的历史可以追溯到3000万年以前，当时恰逢印度板块同亚洲板块开始发生碰撞。人们普遍认为龙脑香科植物起源于非洲，又随着印度板块的迁移到达东南亚，然后在那里经历了一个大规模辐射进化的过程。后来的澳大利亚板块同亚洲板块的碰撞或许使得龙脑香科植物散布到了苏拉威西岛和太平洋地区。在婆罗洲、爪哇岛、苏门答腊岛、马来半岛的森林中以及菲律宾的沼泽林地中，龙脑香科植物都占据着主导地位。

龙脑香科乔木能够长到极高，甚至会超过200英尺（约60米），突出林冠层以外。它们光滑笔直的树干在长到林冠层之前都没有分支，并且通常都有加固基。到达林冠层后，它们会生长出形似菜花般的树冠。它们很少像新热带地区露生层的树木那样倒下。相反，它们死后仍然屹立不倒。龙脑香科树木会产生一种油脂类树脂，用来抵御细菌、真菌和动物的侵袭。哪里的树皮部分受损，树脂就在哪里开始聚集。它们变硬后被称为"达马脂"，被人们用来做清漆或者船只的接缝剂。在婆罗洲常见的一种龙脑香科植物，龙脑香树或者叫樟脑树，可以用来生产樟脑，樟脑是一种可以用作制造药品和保鲜剂的精油。

　　龙脑香植物花朵的尺寸大小不一。它们有五个花瓣和大量的雄蕊，散发的香味可以吸引牧草虫、甲虫、飞蛾和蜜蜂来给它们授粉。它们长出的果实是带有翼状覆盖物的单种子坚果，这种结构便于种子在土地上飞旋播散（见图3.18）。翼状的种子在整个东南亚以及向新几内亚传播的过程中起到了一些帮助作用。很多龙脑香科植物都具备一种共同的再生策略，这种策略涉及的是集群性的大面积开花和随之而来的大规模结果。这往往发生在2~7年的时间间隔内。在多层次的林冠层中的不同物种会在同一个时间内开花，持续的花期会超过一个月以上。短暂的夜晚的凉爽气温或者干旱被认为是触动花期的线索（就像厄尔尼诺年发生的情形一样），尽管在这个课题上今后还有更多的研究工作要做。花期过后，大量的果实开始呈现，这就为很多森林中的常驻动物和那些迁徙到

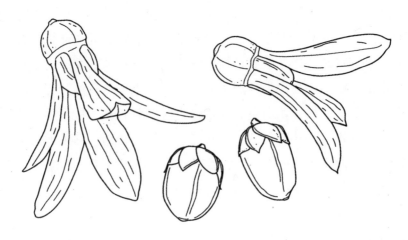

图3.18　龙脑香科植物的种子上长有翼状附属物，便于其成熟后从母树上四散播种
（杰夫·迪克逊提供）

这里来觅食的动物们提供了食物。种子很快便萌芽，在森林林地层形成
一个苗床。苗床开始启动对避光环境的适应能力并且可以在浓密的林冠
层下存活数年。在树荫下苗床可以存活数年的原因可能是苗床的根系与
菌根真菌之间存在着互惠共生的关系，真菌可以帮助植物汲取营养。在
幼树长达林冠层后，它们开始对光线变得有要求了。由于其他树木的倒
塌所留下的空间刺激了新树的快速生长。这些空间能够使一丛丛的树木
在其间得以生长并超越林冠层。

　　龙脑香科乔木是非常有价值的木材，市场大量的需求导致了人们对
这些森林的大量开采。龙脑香科乔木树干笔直少有枝杈，而又经常聚集
生长，这些习性既降低了砍伐成本又提高了砍伐效率。

　　除了棕榈树和龙脑香科植物外，亚太地区的雨林攀援物种相对较
少。实际上，毒狗草、马利筋、牵牛花、豆荚类以及南瓜科植物都可见
到。攀爬类棕榈植物在东南亚地区数量很大而且达到了其物种的最大多
样性。多刺藤棕榈是最具多样性的种群；在同一地区多达30个物种可以
同时并存。这些棕榈植物依靠它们幼茎上钩子般的尖刺和下部叶片，可
以抓住热带树木那些经常是非常光滑的树皮，并一直爬到林冠层内。由
于藤棕榈在家具业需求量大，故采伐亦甚。东马来亚除了棕榈植物和漏
兜树外，相对来说缺乏攀援植物。

　　附生植物在除了澳大利亚之外的所有亚太雨林中都非常丰富。棕榈
植物、蕨类植物、兰花以及龙脑香科植物都是优势性植物。东南亚和新
几内亚到处都有兰花的踪影。全世界34%的兰花物种都是在亚洲热带地
区和新几内亚发现的，而澳大利亚洲只有3%。石豆兰属的物种数量在
此地区的雨林中达到了最大值。这些兰花的花朵通常很小，呈紫色并且
有一种恶臭的气味，用来吸引它们的主要授粉者——苍蝇。在这个地区
也发现了超过1000种的大而艳丽的石斛兰花。它们好像可以呈现出任何
一种颜色和形态。燕窝蕨类植物数量丰富，在生物链环节上它们同新热
带地区的凤梨科植物类似。它们拦截住枯叶和有机物质，但并没有形成

含水的水塘。

在东马来亚，龙脑香科植物也有生长，但是同西马来亚相比，优势作用有所减弱。月桂科、野牡丹科、肉豆蔻科、桑葚科树木在这里都可见到。很多的地区性物种，包括南洋杉（南洋杉科）和竹柏（罗汉松科）在内的原始针叶林，古老的裸子植物森林的遗留部分，都在新几内亚和澳大利亚的雨林中有踪迹可循。这些针叶科植物彰显了冈瓦纳古大陆物种间断性分布的特点，意思就是说，它们分别出现在相距甚远的南美洲、澳大利亚和新几内亚地区。它们也许会在冈瓦纳古大陆的分裂以及开花植物的进化之前有着更广泛的分布。

石楠林　石楠林是生长在婆罗洲沙质土壤上的雨林。在婆罗洲，它们被称为"荒地森林"，这个术语在当地的意思是"稻米无法生长的土地"。石楠林的土壤是贫瘠的。荒地森林生长着带有小而坚韧叶片的乔木和灌木。在林冠层稀疏的森林中，林地下层生长得却很稠密。树木没有加固基，攀援藤蔓也数量稀少。同低地湿林相比，荒地森林的物种品种往往没有那么丰富。

这些石楠林是由龙脑香科植物组成的，但是同雨林中的物种有所不同。许多小叶片的桃金娘科植物在这里生长，还有就是木麻黄科和针叶科植物。这种森林很多都是单一一种或者很少的几种物种占优势地位。荒地森林组成的密林中，有的树木可以高达98～115英尺（约30～35米）。有些荒地森林是小直径林木，密密麻麻挺直的小直径林木，高达16～39英尺（约5～12米）；其他的还有开阔林地。

沼泽林地　沿着亚太地区雨林的海岸线到处可见红树林的身影。它们有着更简单的结构，单独物种组成的纯林构成了单一林冠层。由于水位、盐分和潮汐特征的不同，决定了不同的物种分布在不同的区域内。它们通常没有附生植物或者蕨类植物。

泥炭沼泽森林是在东南亚发现的另外一种森林。泥炭林生长于3～

65英尺（约1~20米）深的一个处于缓慢分解的植被层（泥炭）上。降雨的时候水进入沼泽，但那里的排水很差。泥炭林从中心（最潮湿的部分）向外以同心圆的方式生长开来。在中心部位，树木很矮小，越远离中心，便逐渐变得高大，在排水良好的区域内演变成了低地湿林，其间还会长有一些龙脑香科植物。

淡水沼泽地沿着河流分布并且会暂时地或者永久地被水淹没。这些沼泽地生长着拥有多个林冠层的混合类森林。最高的树木不超过160英尺（约50米）。此处常常有附生植物和蕨类植物生长。

在大多数东南亚国家，沼泽林地占据了10%~15%的面积，但随着沼泽的干涸以及在红树林上进行的开发，它们的面积在迅速地缩小。

亚太热带雨林的动物

亚太雨林区域内，丰富得让人难以置信的多样性物种也为多种动物组成的一个丰富生物链条提供了基础。动物们可以为自己在不同的林冠层开拓领地，少部分还会在林冠层和林地层之间移动。在亚太地区的雨林里，树木是大多数鸟类，同时也是猴子、松鼠、两栖类、爬行类和无数无脊椎动物的家园。很多动物都能够在森林间滑翔。林地层容纳下了更大型的食草动物和食肉动物，同时还有体型较小的啮齿类动物、地面鸟类、爬行类和两栖类动物。在谈论哺乳动物的时候，将东、西马来亚特定地划分开来是很有用处的。在西马来亚分区内，胎盘哺乳动物占有优势地位。穿山甲、猴子、貘、大象、啮齿类动物、水獭、灵猫、豹和老虎等都能见到。华莱士生物分界线以东区域则是三个单孔目物种和数以百计的有袋类物种的家园，同西部地区的胎盘哺乳动物一样，它们在这里占据着相似的生物链位置。两个分区内，蝙蝠的数量都很庞大。

哺乳动物　亚太雨林的西马来亚分区中不同科的哺乳动物在表格3.4中有所罗列。亚洲的雨林，如同非洲的森林一样都有穿山甲生存，但

表3.4　已经被发现的亚太雨林地区的哺乳动物

目	科	常用名
单孔目(原哺乳亚纲)		
单孔目	针鼹科 鸭嘴兽科	针鼹鼠 鸭嘴兽
有袋目(后哺乳下纲)		
袋貂目	袋鼩科 有袋目	宽足袋鼩,袋鼩 鼠袋鼠
袋鼠目	袋貂科 袋鼠科	刷尾负鼠,袋貂鼠 小袋鼠,树袋鼠
袋狸目	袋狸科	袋狸
胎盘哺乳动物(真兽亚纲)		
偶蹄目	猪科 鹿科 牛科	猪 麂鹿,黑鹿,梅花鹿 水牛,白臀野牛,白肢野牛
食肉目	猫科 獴科 鼬科 灵猫科 熊科	豹,金猫 猫鼬 水獭,蜜獾 灵猫,麝猫 树懒,太阳熊
翼手目	凹脸蝠科 鞘尾蝠科 蹄蝠科 巨耳蝠科 犬吻蝠科 裂颜蝠科 狐蝠科 菊头蝠科 鼠尾蝠科 蝙蝠科	大黄蜂蝠,猪鼻蝠 囊翼蝠,鞘尾蝠及与其相关的 叶鼻蝠 伪吸血蝙蝠 犬吻蝠 裂颜蝠 果蝠 菊头蝠 鼠尾蝠 食虫蝠
皮翼目	鼯猴科	鼯猴
奇蹄目	貘科 犀科	貘 犀牛

续　表

目	科	常用名
奇蹄目	貘科 犀科	貘 犀牛
鳞甲目	鲮鲤科	穿山甲
灵长目	猕猴科 婴猴科 人科 长臂猿科 懒猴科	猕猴,长尾猴,叶猴,长鼻猴 丛猴 猩猩 长臂猿,小猿 懒猴
长鼻目	象科	大象
啮齿目	松鼠科 鼠科	松鼠 远东家鼠和田鼠
树鼩目	树鼩科	树鼩
鼯鼱目	鼯鼱科	鼯鼱

不是非洲所发现的树栖品种。所有亚洲穿山甲都是陆栖动物。它们日间在洞穴中休息,晚间在林地中搜寻蚂蚁和白蚁。在亚太雨林发现的两个物种是马来亚穿山甲和印度穿山甲。

树鼩既不是真正的鼯鼱也非它的树栖品种。它们被分入了单独的分类学中的目——树鼩目。树鼩可能从食虫动物进化而来,尽管有不同意见认为它们是原始灵长类的后裔。类似于地松鼠,它们有毛茸茸的尾巴和窄鼻子。树鼩有着动物界最高等的大脑——身体质量甚至比人还高。它们通常在林地层活动,白天它们以水果、节肢动物和种子为食。它们的一些物种生活在西马来亚的热带雨林中,其他的物种生活在热带季雨林中。新几内亚和澳大利亚没有它们的踪影。

亚太地区蝙蝠物种的多样性在新热带地区之后排名第二位。在这整个雨林区域内,蝙蝠是数量上和品种上最多的哺乳动物。大蝙蝠亚目和小蝙蝠亚目都有很多的代表物种。最大的被称为狐蝠或者果蝠(因为它

森林中的滑翔者

在婆罗洲岛上的热带雨林里生存着各式各样的动物，它们都对树上生活有一种独特的适应方式。蛇、蜥蜴、青蛙、巨松鼠和猫猴都能够在森林的林冠层间滑翔。这里的森林容纳下了超过30种滑翔动物，比世界上的其他任何地方都多。大多数滑翔动物都是夜行性的，身体的保护色可以使他们融入林冠层的背景中。它们身体应用了不同的进化对策以确保滑翔的成功，比如长有皮瓣、蹼足和扁平的身体。

为什么会有这么多的滑翔动物呢？婆罗洲的雨林结构同其他地区的雨林的不同点就在于很多大面积露生层的树木是簇拥而生的。上层的林冠层之间是间断的，攀藤较少，而起到像树栖高速路作用的树间连接物也很少。这样的情况下，滑翔是一个有效的迁徙模式。此外，由于婆罗洲雨林的大多数树木都是龙脑香科植物，果实少，所以食物会不足。动物们必须能够在森林里快速而高效移动来寻找食物。通过滑翔，动物们不必在树干间爬上爬下。它们还可以待在林冠层里以躲避捕食者。随着时间的推移，婆罗洲与其他地区的隔离使很多动物都进化出了这一独特的适应性。如果不能飞翔，毫无疑问，滑翔就是一个最好的选择。

们有像狐狸样的头），以水果为食。细长的尖指支撑着它们4英尺（约1.2米）长的翼展。狐蝠栖息于森林和沼泽中。大多数都居于露生层树木的枝丫之上。入夜，它们飞入森林的林冠层以成熟的水果为食。

另外一些东半球果蝠的身形范围不同，从0.5盎司到3磅（约15～1350克）不等。它们在夜晚最活跃，但也会看到它们在日间飞行。它们经常是长途飞行离开水果供应不足的区域。大些的果蝠喜群居，成群地栖息于一处，而小型果蝠则喜独行。它们很多都是通过气味来定位食物的。果蝠在很多雨林植物的授粉和种子播散方面起到了非常重要的作用。由于热带雨林的减少，作为一个群体来讲，东半球蝙蝠的生存受到了威胁。另外一部分，由于被视为果园和种植园中的害虫而受到杀戮。还有一部分被当作食物猎食。

亚太地区雨林的绝大多数蝙蝠都是小型食虫动物，可通过回声定位的方式来找到猎物。它们很多都有特殊的鼻子和耳朵来帮助进行回声定位。墓蝠、尾鞘蝠、菊头蝠、圆叶蝠、多毛蝠、曲翼蝠、竹蝠、小黄蝠在这些雨林中都可见到。大多数的蝙蝠都是空中食虫动物，在空中将昆虫捉住。但有些却是拾穗者，在草枝树叶上捕获猎物。还有些两种方式都用，在空中或者是在植物上将昆虫捕获。只有很少的一些以鱼类为生，或者说是肉食性的蝙蝠在此处生存。本地特有的凹脸蝙蝠科有一种是已知世界上最小的哺乳动物。俗名被称为大黄蜂蝠，这种很小的蝙蝠大概也就如它们的名字般大小。

澳大利亚的蝙蝠同其他地区的物种相似，但澳大利亚假吸血蝙蝠或者幽灵蝠为增加的品种。之所以这么称呼它是由于它有着白色或者浅灰色的毛发。它们是澳大利亚大陆上唯一的食肉类蝙蝠，以大型昆虫、爬行动物、青蛙、鸟类、小型哺乳动物和其他种类的蝙蝠为食。

啮齿类动物以四个科为代表：松鼠、东半球豪猪、家鼠和田鼠以及竹鼠。亚洲松鼠和鼯鼠是同一个科的成员。在雨林区域的西马来亚分区里松鼠数量尤为庞大，大多数都为树栖类型，生活在中层和上层林冠层里，以水果、种子、树叶和昆虫为食。松鼠是东南亚雨林中的优势动物，在其他区域生物链环节上，家鼠和田鼠所占的地位在这里很多都被松鼠替代了。松鼠的体型大小不一，有的几英寸，有的却像兔子般大。它们毛皮的颜色各异，有黑色、棕色、红色及白色。树松鼠、地松鼠、巨松鼠、鼯鼠、巨型鼯鼠以及矮鼠在雨林中数量都很丰富。森林中很多中型尺寸的树松鼠和地松鼠都是食虫动物，大多都是白天活动的。巨松鼠是完全的树栖型，生活在林冠层的高处。它们有扁扁的尾巴来帮助它们在树间跳跃。鼯鼠在肢体之间长有被毛皮覆盖的很大的皮瓣，这可以帮助它们在树梢之间滑翔。它们实际上不能飞，却是不可思议的滑翔高手。同其他的松鼠一样，它们也是优秀的攀爬者。鼯鼠具夜行习性，它们眼睛很大，所以夜晚也可以视物。小飞鼠是最小的鼯鼠，长度小于4英寸（约100毫米）。大鼯鼠可以长到超过3英尺（约90厘米）。它是在林冠层生存的14种鼯鼠中最大的一种。

东半球豪猪体型大，行动迟缓，它们依靠那壮观的刚毛而不是速度或者行动的敏捷来进行防御。有些体重达55磅（约25千克）之多，而有些只有几磅重。同西半球豪猪不同，这个地区的豪猪具陆生性而且挖掘能力极强，它们生活在自己挖掘的洞穴中。它们的食物包含很多种植物，还有腐肉。在西马来亚的雨林中发现的东半球豪猪有三个物种：帚尾豪猪和凤头豪猪遍布整个地区，而长尾豪猪则是东南亚的地区性物种。

田鼠和家鼠数量都不太丰富。此地区生存的田鼠、家鼠和竹鼠的物种数量不超过50个。大多数都具陆生型，尽管很多都是攀援能手。家鼠主要以水果、种子、草为食，而田鼠还会吃虫子、软体动物或者螃蟹。东半球家鼠和田鼠科（鼠科）是唯一迁徙到澳大利亚和新几内亚地区的物种。在新几内亚发现了45个鼠科物种，而在澳大利亚发现了5个物种（其中3个是和新几内亚共有的）在雨林中生存。在这些雨林中，有袋动物取代鼠科占据了很多生物链上的环节。竹鼠是啮齿类动物中的一个小科属物种，它们生活在西马来亚分区内。它们是掘穴动物，但也会到地表上来搜寻粮草。竹鼠最常见于竹林中或者田地里，以植物根和竹笋为食。

猫猴是皮翼目动物的唯一代表。它们有时被称为"会飞的狐猴"，这是因为它们可以滑翔而且看起来同狐猴相似，尽管两者亲缘关系并不近。它们体型中等，长着一个很大的从脖子覆盖到尾部的毛状膜。这个膜可以使身体拥有很大的机动性，滑翔很长的距离。它们足部有长而尖的爪子用来抓住树干和树皮。猫猴以水果、嫩叶和花朵为食，具夜行性，白天会在枝丫上或者空心树里休息。它们会以倒挂的方式来进食或者在长长的枝丫上行进。在东南亚地区的西马来亚雨林和菲律宾南部都有猫猴的身影。

灵长目动物在亚太的西马来亚分区雨林中数量丰富而在东马来亚分区却没有踪影。蜂猴、眼镜猴、长臂猿、猕猴、长尾猴、长鼻猴、叶猴以及猩猩都生存在雨林里。蜂猴是亚洲热带雨林里行动迟缓的原始灵长动物。细懒猴出现在印度和斯里兰卡的森林中，蜂猴出现在东南亚。蜂猴体型小，生有厚毛，双目前视，尾巴短小甚至没有。具树栖习性，会手脚并用抓住树枝。它们在树洞里或者树枝上休息。它们晚上活跃，食物包括昆虫、竹笋、嫩叶、水果、鸟蛋和小的脊椎动物。它们会将猎物身体的所有部分都吃掉，包括脊椎动物的羽毛、鳞甲和骨骼，还有昆虫的外骨骼。

眼镜猴仅局限于东南亚，印度东部和菲律宾的有些岛屿。它们是小型灵长目动物，有着柔滑、浅黄色、浅棕色或者深棕色的毛皮，大大的直视前方的眼睛和圆形的头。口鼻很短，看起来好像没有脖子，后肢比前肢长，这就可以使它们增加跳跃的距离。具夜行性，完全的树栖动物。白天，它们在密林里栖息，通常都是在直立的树枝上或者空树洞里。它们以昆虫和小型脊椎动物为食，捕捉的方式就是跳跃或者快速地用手来抓住猎物。眼镜猴生活在家庭族群里或者独居。

猴科和狒狒科的灵长目动物在亚太地区雨林中数量众多，通常可以分为两类：有着颊囊和一个胃的猴科，以及没有颊囊而有复胃的疣猴，复胃可以使疣猴有能力在主要以树叶为食的情况下得以生存。猕猴是常见的一种猴科动物。大多数都生活在东南亚和印度的热带地区。猕猴主要在白天活动，它们可以在树木之间敏捷地进行长距离移动，尽管它们也会花大量的时间在森林的地面搜寻食物。它们通常是素食性的，以水果、浆果、树叶、花蕾、种子、花朵和树皮为食，尽管有些也会吃昆虫、鸟蛋和小型脊椎动物。

长尾猴和叶猴都是昼行性和树栖性动物。它们体型小而细长并带有

猕猴

长尾猕猴有时也被称作食蟹猴，这缘于它们有时在海岸附近的林地中捕食螃蟹。当地人认为长尾猕猴非常贪婪，它们总是用大量的食物填满颊囊。嘴里的食物鼓鼓的，它们便握紧拳头击打脸颊，咽下颊囊中储备的食物。马来西亚人捕获长尾猕猴的方法很简单，他们在椰子上打出空洞，向里面放入香蕉，猕猴发现了就会抓住香蕉不放，爪子就卡在椰子里了，极易被人捕获。猕猴通常在被捕获后经驯养用来采摘椰子。驯养成功后，猕猴为主人上树采摘，人们收集起来便去市场贩售。一只成年的强壮猕猴每天最多可以摘下700颗椰子。猕猴是菲律宾食猴鹰最喜欢的食物。

长尾和长臂。它们的手指进化得非常强壮，但大拇指却很小。它们的消化系统独特，使它们可以完全依靠树叶就能维持生存。长尾猴通常为陆行性，以5~15只的数量组成团队进行活动。它们有时也被人们当作食物来捕食，其中的几个物种受到严重的威胁而处于高危状态。

长鼻猴由于公猴有长而下垂的鼻子而出名。长鼻猴生活在婆罗洲岛上靠近水边或者红树林沼泽地的雨林中。它们在下午的时光里是最活跃的，主要以树叶、水果和花朵为食。它们也是灵长目动物中水性最好的。由于森林被破坏及红树林沼泽地被清除，长鼻猴目前也处于危险境地。

长臂猿在西马来亚雨林中是很常见的。长臂猿同类人猿很相似，比如都缺少尾巴，齿系排列也近似。但是，长臂猿更小更苗条，拥有长臂和长犬齿。它们被认为是"小猿"。长臂猿在林中迁徙的时候会在树枝间荡秋千。它们在树枝或者平地上行走的时候是直立着的。它们通常在行走的时候都会手臂高举以保持身体平衡。大多时候，长臂猿都是白天活动，陆行且群居。凤头、白臂、黑头、银帽、灰色、白棕色以及克氏长臂猿都是身材娇小且行动敏捷的品种。它们主要以水果为食，但也会把树叶、鸟蛋和小型脊椎动物当作佐餐。

合趾猴是最大的长臂猿品种。它们生活在马来西亚和苏门答腊岛雨林的高海拔地区。合趾猴在尺寸和外观上同其他长臂猿不同。它们有黑色毛发，而且是亚太地区灵长目动物中最具树栖性的。它们足部的头两个脚趾是有蹼的——它们是唯一有蹼足的灵长目动物。它们下颌处有甲状腺一样的囊袋，可以用来将声音共鸣和扩大。它们的食物主要是树叶和水果，但也会吃花朵、花蕾和昆虫。

亚太地区的雨林中只有一种类人猿［人科（猩猩科）］——猩猩，生活在婆罗洲和苏门答腊。每个岛屿都有它们的亚种。在中国、越南、老挝和爪哇岛所发现的化石和遗迹都说明，在过去，猩猩的分布很广泛。一只成年猩猩有4~5英尺（约1.2~1.5米）高，体重可以达65~100磅(约30~50千克)。雌性通常小些。它们外观看起来多毛、苗条、深红色或者红棕色。猩猩主要是树栖的，白天活动。同其他类型的类人猿一样，它们每晚都在树上做一个新窝。它们很少光顾林地表层。食物大多数为水果，尤其是无花果。它们也会吃其他的植物、昆虫、鸟蛋和小型脊椎动物。雄性通常是单独行动，而雌性则组成小的群体进行活动和觅食。由于捕猎和森林遭到破坏，它们有限的领地仍然在继续大面积地缩减。过去，它们被捕捉并送到世界各处的动物园里。现在处于濒危状态。

大象是西马来亚雨林中最大的哺乳动物。亚洲象比非洲象小，耳朵和象牙都小。不同于非洲象，亚洲象的母象没有象牙。亚洲象同非洲象相比鼻子光滑，鼻尖只有一个指状物，而非洲象的鼻尖有两个可以伸缩的指状物。在雨林中，亚洲象常常都是夜行性的，以竹子、野生香蕉和其他植物为食。白天它们会在密林中休息。

西马来亚的雨林中有两个科和三个种属的奇蹄动物——马来西亚貘和爪哇及苏门答腊犀牛。马来西亚貘生活在缅甸、泰国、马来半岛和苏门答腊。这种分布代表的也许是它们在史前的一次较大分布的残存部分。很容易在外观上把它们同新热带地区的貘区分开来：身体的前部和四条腿都是黑色的，后背和臀部是白色的。这种身体图案起到保护色的作用，可以让没有防御能力的貘身处森林的阴影中而不易被看到。马来西亚貘体重可达600~1000磅（约272~453千克）。它们通常白天在森林中休息，晚间出来活动觅食，在草丛、树叶、竹笋和靠近水边的树枝里寻找食物。因为滥伐滥捕的原因，它们的生存目前处于危险状态。

犀牛曾经在整个东南亚有着非常广泛的分布范围。如今，它们的分布只局限在两个大的岛屿上，每个岛屿都有各自的物种，分别是苏门答腊犀牛和爪哇犀牛。有两个角的苏门答腊犀牛也许还生存在雨林里，但已经很少看到了。苏门答腊犀牛通常都是独自在黄昏和黎明时觅食的，以小树苗、嫩枝、水果和树叶为食。它们有能卷握东西的嘴唇，这样就能够把植物抓住并牵拉出来。据估计当前仅有300头苏门答腊犀牛还存活在极度脆弱的雨林中。

单角的爪哇犀牛在野生环境中可能已经灭绝了；现存的是生活在东爪哇坞容古龙禁猎区的60头爪哇犀牛，还有一些生活在动物园里。爪哇犀牛没有毛，皮肤呈灰色。它们在19世纪30年代就已经被猎杀，残存的数量也由于栖息地的丧失和非法的偷猎而迅速递减。

四个科的偶蹄类动物——麝香鹿、白肢野牛、黑鹿和麂以及猪也是被发现生活在西马来亚雨林中的物种。鼷鹿或者是麝香鹿其实并不是鹿，而是同骆驼有亲缘关系。它们体型很小，肩高只有8~13英寸（约20~33厘米）。麝香鹿的脸部同南美洲刺鼠相似，而腿则像鹿。它们没有角或者茸，但雄性有象牙状的上犬齿。麝香鹿原产于马来半岛、印度尼西亚和附近的岛屿上。它们是夜行性的反刍动物，以树叶、花蕾、灌木和水果为食。因为它们的毛皮可以用于制作手提袋和外套，所以会被捕杀。它们也会被当作食物来捕获，或者被当作宠物。麝香鹿的形象也非常多地出现在了马来西亚民间故事里。

白肢野牛是一种西马来亚雨林中的野生牛。它们体型高大，肩高6

英尺（约1.8米）。身体为黑色，四肢白色。它们弯曲的巨角有黑色的尖。它们在森林里成群地活动，黎明或者黄昏时会出现在空地上觅食。

西马来亚地区生活着两种鹿：黑鹿和羌鹿——又被称为赤鹿。黑鹿生活在密林或者开阔的灌木丛里。具夜行性，单独活动。它们被当作食物来捕获或者交易。羌鹿是体型较小的鹿，鹿茸也小。它们之所以还被称为啼鹿的原因是由于它们在报警的时候会发出尖锐响亮的吠叫。

很普通的野猪和须猪都出现在雨林中。野猪成群活动，猪群数量会超过50头或者更多。它们被很多森林里的食肉动物捕食。须猪体型较大而且颜色更浅。它们由于在口鼻部长有浓密的丛毛而得名。须猪体重可达几百磅。它们生有危险的长而弯曲的獠牙。

充足的猎物为亚太雨林西马来亚分区内的肉食动物们的生存提供了支撑。很多的灵猫、林狸、猫鼬和一些水獭、熊科的物种，还有一些小型和大型的猫科动物都生存在森林中。灵猫和林狸是体型中等、身材细长而腿短、长相像猫一样的食肉动物。它们大多数的物种都是头小，口鼻尖长，爪子伸缩自如。很多灵猫和林狸都是夜行性捕食者，它们猎捕小型脊椎动物、昆虫、甲壳动物和软体动物。它们有些是完全的食肉动物，而有些也会吃水果和植物根系。它们很多都有很强的树栖习性。林狸喜独行，具夜行性，大多数时间都是在树上度过的。

熊狸是最大的树栖类灵猫。它们有着长长的、粗糙的黑毛和一条长长的卷尾巴。熊狸在密林中的树上生活，很少见到。它们会游泳以及捉鱼和捕鸟。它们也会吃腐肉、水果、树叶和植物嫩枝。

猫鼬是西马来亚分区内常见的猎食者。它们在外形和分布上同灵猫相似，但它们体型更小，毛皮色彩更均匀。猫鼬身体长，腿短，每条腿都有五个脚趾。它们的爪子不能伸缩。大多数的猫鼬白天活动，会形成大的群体。它们以具有捕食包括眼镜蛇在内的蛇类的能力而闻名。

太阳熊和懒熊是西马来亚雨林中发现的仅有的两种熊科动物成员。太阳熊生活在东南亚、缅甸、马来西亚、苏门答腊、婆罗洲和印度的阿萨姆邦地区。它们大部分时间生活在树上，以蜥蜴、鸟类、水果、蚂蚁、白蚁和蜂蜜为食。懒熊生活在印度南部和斯里兰卡，主要食物为白蚁和蜜蜂。由于栖息地丧失和被捕猎的原因，熊科动物的数量正在急速地下降。熊胆在亚洲被认为有重要的药用价值而得到广泛应用。熊也由于它们的毛皮和肉而受到猎杀。

小型、中型及大型猫科动物在西马来亚分区内都有分布。豹猫的尺寸同一只家猫相当，它们背部的棕色毛皮上带有黑色的斑点条纹。亚洲金猫的体型有豹猫的两倍大，头小而腿长。尽管它们大多数都具有陆栖性，但同时也具备攀爬能力，白天和夜间都在搜寻鸟类和小型有蹄类动物。亚洲金猫的数量由于滥伐森林的原因在其整个分布范围内都受到了威胁。豹则对滥伐森林具有更强的适应性，但由于皮毛贸易，它们也被大量猎捕。渔猫是印度和东南亚的另外一种小型猫科动物。

云豹生活在东南亚和爪哇的森林中。它们是其属内的唯一物种。云豹的毛皮是黄色的，带有圆形和椭圆形云团的深色斑纹。前额和尾部有斑点。云豹主要是树栖习性，在树上捕食或者从树上居高向地面上的猎物发起突袭。它们的猎物包括鸟类、猴子、猪、山羊和鹿。由于林地的丧失，云豹的生存处于危险状态。这些动物已经遭到了过度捕猎，这是因为它们名贵的皮毛可以被拿到黑市上进行交易。

最大的亚洲猫科动物是豹和老虎。花斑豹是一种长有很长尾巴的大型猫科动物。花斑豹的毛皮淡黄色并带有斑点或者完全是黑色（通常这种豹被称为黑豹）。豹具夜行性，白天会在树上休息。它们的食物为猴子、有蹄类动物、啮齿类、兔子和鸟类。一些花斑豹的亚种处于濒危状态。森林的破坏，猎物的缺失，被当作战利品或者是由于它们美丽的毛皮而被捕获，这一切都是造成今天只有极少数量的花斑豹生存下来的原因。

印度尼西亚和苏门答腊虎在亚太雨林的西马来亚分区内仍然还可见到，尽管数量正在减少。这些老虎比它们的西伯利亚表亲要小，但它们仍然是雨林中最大的食肉动物。老虎具有夜行性，单独狩猎，威猛无比。它们在寻找食物的时候会保护住一片很大的领地并不断逡巡。由于滥伐森林和栖息地的丧失，以及非法偷猎和交易，老虎的数量受到严重的影响。很多老虎都是由于它们的毛皮及身体的各个部分有用而受到猎杀，因为在某些亚洲地区的文化里，它们都可以被用作制药的成分。虎骨被认为会给人力量，还可以祛痛和治疗风湿。老虎的阴茎被当作春药的原料出售。苏门答腊虎的处境尤为险恶，已不足400只。巴厘岛和爪哇岛再也难觅老虎的踪影。老虎仍然生存在印度和亚洲大陆，但它们的数量都在骤减。

　　除了啮齿类和蝙蝠之外，东马来亚地区的哺乳动物同西部地区相比非常不同。这个分区是两种哺乳动物的家园：单孔目和有袋目动物。这里的单孔目动物世上独有。不同于其他类的哺乳动物，它们繁殖下一代的方式不是产仔而是生蛋。鸭嘴兽和针鼹是世上仅有的单孔目动物。鸭嘴兽只生活在澳大利亚，主要是沿着东海岸分布，其中包括昆士兰州的雨林区。鸭嘴兽大多数时间里待在水里，捕食水中幼虫和小型无脊椎动物，平时住在水边的小洞穴内。

　　针鼹生活在澳大利亚和新几内亚岛上。短喙针鼹生活在澳大利亚，而长喙针鼹生活在新几内亚的森林里。针鼹全身覆盖着起到防御作用的长刺。当受到威胁的时候，针鼹会把身体团成一个刺球。在松软的土壤里，它们会快速地将自己埋起来。针鼹同穿山甲和犰狳相似，专门吃蚂蚁和白蚁。

　　有袋目动物在华莱士生物分界线东马来亚分区内的哺乳动物群中占据优势地位，同西马来亚的胎盘哺乳动物一样占据着生物链的相关环节。有袋目动物包括食草动物、食虫动物还有小型食肉动物。长尾侏负鼠是所有负鼠家族中最小的一种。它们有具备抓握能力的尾巴，所有时间都在林冠层生活，在那里它们捕食昆虫，从花朵上收集花蜜。树顶负鼠的一次横向滑翔最远可以达到65英尺（约20米）。上述的两种小型负鼠都是夜行动物。

环尾负鼠和滑翔负鼠体型中等，大多数都是树栖性的。环尾负鼠有着可以抓握的尾巴，这就像它们的第五条腿一样帮助它们在树枝上保持平衡。雨林中常见的一些品种有绿色环尾负鼠和类狐猴环尾负鼠。就像胎盘哺乳动物中的滑翔动物一样，有袋目滑翔动物在它们的四肢和身体之间有一层膜覆盖物，这样也就可以让它们在森林中滑翔。蜜袋鼯是最小的滑翔动物，只有4~6盎司（约115~160克）重。大袋鼯是最大的滑翔动物，身长比蜜袋鼯长2倍，10倍于蜜袋鼯的体重。环尾负鼠和袋鼯都是以树叶、花朵和水果为食物的。它们还会吃花蜜、花粉、植物汁液，偶尔也会吃昆虫。

帚尾负鼠和袋貂组成了在东马来亚雨林中生存于林冠层的另一组。尽管它们处于同一科，但非常不同。帚尾负鼠在澳大利亚常见并生活在很多不同种类的森林中。它们有尖尖的口鼻，长耳朵和多毛的尾巴。它们在林间活动迅捷。袋貂生活在新几内亚并局限地分布在雨林中。袋貂脸部扁平，短耳朵，尾巴几乎无毛却多鳞片，具抓握能力。它们在林中行动时很迟缓。这两种动物都具树栖性，都是攀爬能手。它们都以水果和树叶为食。袋貂也会吃昆虫、鸟蛋和雏鸟。在新几内亚，袋貂因为它们的肉和软而浓密的毛皮而遭到捕猎。

在雨林中生存的袋鼠以及它们的亲缘动物包括丛林袋鼠、小袋鼠以及树袋鼠。丛林袋鼠是一种小型的像袋鼠一样的有袋目动物，喜欢独自活动，具夜行性。它们吃落叶和水果。森林小袋鼠比丛林袋鼠大些，看起来像小号的袋鼠。它们耳朵小，尾巴长，可以起到平衡作用。它们身体的后腿及臀部的肌肉更强健，后腿也比前腿更长。身体的深颜色使它们很好地同森林下层的景物融合在一起。同丛林袋鼠一样，森林小袋鼠也是夜行动物，喜独行。

树袋熊是东马来亚雨林中最大的树栖性食草动物（见图3.19）。它们站立时高度达1.5~2英尺（约450~610毫米），有着长长粗粗的尾巴，长度达2~3英尺（约600~900毫米），取决于不同的物种，它们体重可达8~

29磅（约3.7~13千克）。树袋熊的腿部同它们具有陆行性的表亲们相比更结实也更强壮。它们是敏捷的攀爬高手，能够在树枝之间或者树枝与地面之间跳跃腾挪。它们具夜行性，喜独行。它们在树叶间搜寻，以水果和花朵为食。因为体型大兼具树栖习性，除了新几内亚角雕和人类之外，它们少有捕食者。在新几内亚，它们因为厚厚的毛皮和肉而被人类猎捕。对森林的砍伐也威胁到了它们的生存。

图3.19　树袋熊是巴布亚新几内亚雨林中最大的食草动物　(苏珊·弗莱斯曼提供)

　　雨林耳袋狸是一种长相像老鼠的有袋目动物，长有长长的尖鼻子和大耳朵。这个科的动物只生存在新几内亚岛和附近的岛屿上。它的四个种属包括刺袋狸、斯兰岛袋狸、新几内亚鼠袋狸和新几内亚袋狸。雨林耳袋狸为陆行性和夜行性的杂食动物。它们是生活在雨林中的土著人食物中的一个重要蛋白质来源。

　　袋鼬和宽足袋鼩是雨林中的肉食性有袋目动物。袋鼬通常具攻击性，是夜行性动物。它们以鸟类、幼鼠、袋鼯、爬行动物、无脊椎动物（如甲虫、蜘蛛、蟑螂）以及其他小型树栖和陆行性哺乳动物为食。它们经常被称为有袋的老鼠。雄性棕袋鼩有一种古怪的习性，在它们不足一岁的时候进入发情期，它们在发情期接近结束或者刚刚结束之后会死去。疯狂追逐配偶所造成的压力、一次6个小时的交配时间，以及同其他雄性之间凶狠的打斗，也许是造成它们易被感染很快便死去的原因。

鸟　类　西马来亚和东马来亚地区之间的区分对讨论鸟类来说是很有裨益的，这是因为每个不同分区内的鸟类都是非常不同的。亚洲和非洲雨林中的鸟类在其科属的层次上来说是相似的。这最有可能与断续的森林连接分布期间物种的分散传播有关。两个区域会共享一些重要的雨林科属动物，这些动物包括犀鸟、鹎科鸟类和太阳鸟科动物。

犀鸟是一种大型鸟类，长有黑色、白色和黄色翅膀和巨大的鸟喙。它们很多都进化出了盔，盔其实就是一种用来装饰鸟喙颌骨上部分的生长物。盔是中空的，由角蛋白构成。盔是这只鸟的年龄、性别及生存状态的标志物。对很多物种来说，它是一个显著的身体特色，而在另外一些物种身上却发育得非常不好。犀鸟的名字源于它们红色的盔同犀牛的牛角很相像。犀鸟有很大的翅膀，响亮的鸣叫同猴子的叫声相似。犀鸟几乎以任何食物为食，尽管它们中还有些是完完全全的食肉动物与食果动物。犀鸟有一个独特的巢居习惯。当雌鸟快要生蛋的时候，它会在树上找一个裂缝或者洞口钻进去并把自己封在里面。通常雄鸟会帮助雌鸟做这个工作。洞口除了一个窄缝外会被完全封闭，这个窄缝是雄鸟用来给雌鸟和雏鸟输送食物的。在巢内，雌鸟完全脱毛。在孵化和哺育雏鸟的初期，雌鸟保持完全与外界隔绝的状态。雄鸟在整个繁殖期间，会在前一窝幼鸟的帮助下为它们输送水果、浆果和昆虫。因为犀鸟是大型鸟类，需要更大的林地生存空间。犀鸟在西马来亚和新几内亚地区都可见到，但澳大利亚没有。随着森林的减少，它们的种群数量也受到了威胁。

西马来亚地区鹦鹉分布很少，但东马来亚却数量众多。只有三种小型鹦鹉（蓝腰短尾鹦鹉、短尾鹦鹉，以及蓝冠短尾鹦鹉），还有几种长尾鹦鹉出现在西马来亚地区的雨林里。它们很多都长有充满活力的绿色羽毛同时还长有鲜艳的头部和胸部。

野鸡、鹧鸪、角雉、南豆雉、大眼凤头斑雉和孔雀雉都是生活在西马来亚雨林地面上鸟类中的一些种属。鸽子和种属数量多得令人震惊的鸠类鸟，包括绿鸠在内，生活在地面上或者低层林冠层，数量庞大。八色鸫和阔嘴鸟，身体圆小，尾巴短而腿长，栖息于林下。很多八色鸫有着蓝色、绿色和红色的羽毛，而阔嘴鸟带有黄色标记的棕色和黑色的羽毛，看起来就不是那么鲜艳了。

八哥在西马来亚很普遍。八哥身体呈深棕色、黑色或者灰色，长有黄色的嘴和脚。所有的八哥都在翅膀下部有一块白斑。它们可以模仿森林中其他动物的叫声。

太阳鸟、啄花鸟、捕蛛鸟和蜜雀都是颜色鲜艳、体型小巧的鸟类。同非洲的太阳鸟一样，亚洲的太阳鸟是长有长长的曲喙、主要以花蜜为食的鸟类。它们身体呈亮黄色、红色、紫色或者橄榄绿色。它们中的一些羽毛带有金属色泽。啄花鸟身体非常娇小，生活在上层林冠层。捕蛛鸟体型小，主要呈黄色，长有巨大的曲喙，可以用来捉取藏匿于洞中的蜘蛛。蜜雀是东马来亚地区以花蜜为食的鸟类中数量最丰富的。

同非洲一样，棕色的小型食虫鸟是亚太雨林中数量最丰富的鸟类。同非洲一样，它们常常在由相同科的鸟类组成的混合鸟群中活动。鹟科鸟类、东半球鸣鸟类、鹟科鸟类、捕蝇鸟类、伯劳鸟类和种类繁多的画眉科鸟类可能都是这些单科混合鸟群的组成者。画眉鸟类和东半球鸣鸟类在亚洲非常多，每个种类都有100多个种属。画眉科的鸟类是亚洲热带地区物种多样性最高的鸟类。它们通常都体型很小，呈土棕褐色。不同物种的画眉科鸟类都会在雨林低层林冠层的树叶上、枝叶间或者是树干上寻找昆虫。

其他的森林鸟类还包括欧掠鸟、知更鸟、卷尾科鸟类、啄木鸟、姬啄木鸟和须䴕科鸟类。这一地区还有着大量的大型和小型杜鹃鸟类与食蜂鸟，它们尽享着森林中的昆虫盛宴。另外，在东马来亚和西马来亚分区内沿着河流、溪水以及水淹林地，生活着数量众多的小型和大型翠鸟。

绿鹦是一种同广泛分布于亚洲热带地区的树栖鸟类紧密相关的小型群体。五个种群在东南亚有着广泛分布，但有几个是其岛屿上的特有物种。它们身体的颜色各异，有绿色、黄色，有时还有一点点蓝色。

森林中的猛禽包括鹰、秃鹰、隼、鸢和猎鹰，它们都是优秀的猎手，食物多样，有鱼类、爬行动物、小型啮齿类动物和其他小型哺乳动物。菲律宾猴鹰超过3英尺（约1米）高，生活在森林林冠层的高处。它们最喜爱的食物是猕猴。由于菲律宾全境范围内森林流失的原因，猴鹰的数量只剩下了大概200只。新几内亚角雕猎食树袋熊和其他树栖有袋目动物。猫头鹰和欧夜鹰是在黑夜中捕食的禽鸟。

在新几内亚和澳大利亚，鸟类在外形上和习性上的差异非常大。园丁鸟、蜜雀和凤鸟，它们反映出的是在一个曾经相连的岛屿上雀形目鸟类辐射分布的状况。这个地区还为两个广泛分布的科目鸟类提供了多样性的生存家园，它们是鹦鹉和鸽子，另外还包括了东半球科目鸟类，比如犀鸟、太阳鸟、绣眼鸟和欧掠鸟，它们都是更近期的新移民鸟类。

琴鸟、园丁鸟、塚雉科鸟类、凤鸟和食火鸡都是东马来亚雨林的地区性物种。琴鸟是澳大利亚和新几内亚栖息于平地上的鸟类，因它们具有令人难以置信的声音模仿能力而闻名。它们可以模仿鸟类、鸟群、动物以及人类的声音和机械的噪声。雄鸟有着扇子形状的尾巴，可以配合它那精美的声乐表演一同来向雌鸟示爱。园丁鸟的体形与鸽子相仿，栖息于平地，同样也有着精美的示爱方式。同琴鸟瞬间展示它那尾部羽毛不同，雄性园丁鸟会修建一个用嫩叶、小草、鲜艳的羽毛、花朵和浆果来装扮的巢穴或者新房。它会在新房前鸣唱，希望用歌声来吸引可以交配的雌鸟。在澳大利亚和新几内亚生存着18个物种的园丁鸟。每个物种对巢穴的装饰方式都有不同偏好，可能是带有苔藓的草坪或者是用鹅卵石和鲜花装饰而成。

塚雉科鸟类包括了已经被发现的22个东马来亚的独有物种。塚雉鸟外观长得像火鸡，头小而脚大。它们因为其独特的筑巢方式也被称为筑墩鸟或孵化鸟。它们不会直接伏在蛋上孵卵，而是把森林中腐烂植物盖在它们的蛋上形成土墩。土墩通过其正处于腐败中的植物为蛋的孵化提供热量。其他的塚雉鸟还会在洞穴中产卵，这样就能通过地热活动或者太阳辐射来孵蛋。塚雉鸟的雏鸟会带着一身完整的羽毛自己啄破蛋壳而出。

凤鸟也是由于它们的尾部羽毛和一种与其同名的植物花朵相似而得名。在东马来亚的雨林中栖息着42种不同的凤鸟。它们大小不同（从知更鸟那么小到乌鸦那么大）而且颜色各异。它们也是由于雄鸟在追逐雌鸟时所做出的精致的羽毛展示而闻名。它们中的很多种在翅膀、身体、头部和尾部上都有细长的羽毛，这样就可以在雌鸟面前抖动和竖起来。当地的人们和收藏者几个世纪以来一直在捕猎这些鸟，可能现在它们已经处于灭绝边缘。它们美丽的翎羽可以被用作部落的服饰和仪式上的头饰。过度的捕杀以及对森林的破坏使它们的数量持续减少。

不会飞的食火鸡是世界上生活在雨林地面上最大的鸟类（生活在非洲稀树草原的鸵鸟是今天世界上唯一大型不会飞的走鸟类动物）。食火鸡是新几内亚和澳大利亚森林中的本地物种。它们有长长的黑色羽毛和独特的蓝色脖子及头部。食火鸡脖子下部有着色彩艳丽（通常为红色）的皮瓣或者肉垂，这样可以在阴暗的密林里吸引配偶。它们的头部有一个很大的角质盔，用来帮助它们在地面上挖掘和寻找食物。像犀鸟一样，这个盔可以用来显示它的优势和年龄。食火鸡有着强健的腿和足部，使它们可以达到每小时30英里（约48千米）的奔跑速度。它们的足部长有尖尖的爪子和内趾，就像一把可以撕裂皮肉的匕首。它们主要是食果动物，靠落到地面上和仍然挂在枝头的水果为食。但是它们仍然会吃小型脊椎动物、菌类和昆虫。食火鸡是新几内亚和澳大利亚森林里重要的播散种子的动物。尽管食火鸡的数量现在很稳定，但它们仍然对森林的砍伐和狩猎所造成的破坏很敏感。

其他鸟类，比如细尾鹩莺科、蜜雀科、木鹨科、澳大利亚画眉科以及鸣鸟科都在亚太雨林的东马来亚分区内拥有它们的本地物种。

爬行类和两栖类动物 蛇、蜥蜴、鳄鱼、海龟和大量的蛙类、蟾蜍、蚓螈都生活在雨林中。温暖、潮湿的环境非常适合它们冷血型的生理机制。

在亚太雨林中已经发现了100多种不同种类的热带蛇类。但少于10%的品种是有毒的，其中只有一部分对人类来说是危险的。此地区的有毒蛇类属于眼镜蛇科（眼镜蛇、金环蛇、银环蛇）和蝰蛇科（蝰蛇、颊窝毒蛇和小毒蛇）。眼镜蛇科的蛇类在它们上颌部前端长有短而中空的尖牙，而蝰蛇科的蛇类在上颌的后部长有长而中空的尖牙。

在西马来亚的分区内发现了两种眼镜蛇——眼镜王蛇和印度眼镜蛇。眼镜蛇会将颈部肋骨膨胀开而形成一个风帽。在可以射毒的眼镜蛇中，比如眼镜王蛇，它们的毒牙是朝向前方的。眼镜王蛇是世界上最大的眼镜蛇，也最具致命性，可以长到13英尺（约4米）的长度。有些记录显示它们会长大到18英尺（约5.5米）长。它们的食物包括冷血动物，主要是其他蛇类。眼镜王蛇有着非常有趣的育雏过程。母蛇产卵后会在蛇窝里值守，而公蛇会在蛇窝外保护。它们同时都会非常积极地保护着它们的蛋。眼镜王蛇的毒液是一种会影响到神经系统和呼吸系统的剧烈毒素。一小滴蛇毒喷射入受害者的眼中就会造成失明。

印度眼镜蛇是中型尺寸的蛇类，可以长到6~7英尺（约1.8~2.2米）长。它们的颜色不同，从黑色到深棕色再到奶油色，通常身体带有眼镜状斑纹。它们脖子的下部有一条宽宽的黑带，如果从后面看，半环状风帽上的标记就像大大的眼睛，这也可以用来将它们同其他眼镜蛇区分开来。印度眼镜蛇以啮齿类动物、蜥蜴和蛙类为食。它们的毒液会破坏掉猎物的神经系统，致猎物瘫痪而且经常会将它们杀死。印度眼镜蛇经常会被印度的"耍蛇者"们饲养。尽管蛇看起来是在蛇笛的音乐下跳舞，但实际上蛇是听不到音乐的。它们其实是被挑逗而进入攻击的姿势，它们的身体是随着耍蛇者的手和笛子的动作节奏而进行摇摆，结果就像眼镜蛇在"舞蹈"了。几种印度眼镜蛇的亚种都生活在西马来亚分区内。

金环蛇是另一种眼镜蛇科。它们具夜行性，除非被激怒，通常都不会主动进攻。它们的毒液比眼镜蛇要强很多倍，可以很快地造成肌肉的瘫痪。中毒者尽管在使用抗蛇毒素的情况下，生存概率也仅有50%。金环蛇捕食其他蛇类和小型蜥蜴。其他的一些毒蛇在澳大利亚的雨林中也可见到，其中就包括两种眼镜蛇科蛇，有剧毒的东部棕蛇、红带黑蛇和毒性低些的棕树蛇。

蝰蛇、颊窝毒蛇和小毒蛇都是世界上最危险蛇类中的成员。它们很多在亚太雨林中都常见。蝰蛇的长毒牙在不用的时候会反折回口内。颊窝毒蛇通常会通过生产的方式产仔，但有几个物种也会下蛋。大多数蝰蛇科蛇的毒液具血液毒性，会影响血液，如果不加以治疗会造成坏死以至于最终死亡。雨林中的这些毒蛇包括马来亚颊窝毒蛇、百步蝰蛇、驼峰鼻蝰蛇和棕榈蝮蛇，以及南亚的青竹蛇和铠甲蝮蛇。

无毒蛇类在亚太雨林中数量庞大，其中有几种蟒蛇。网斑蟒是世界上最大的蛇类之一。它主要以鸟类和像猴子这种小型哺乳动物为食。在马来亚记录在案的一条网斑蟒长有30英尺（约9米），重达280磅（约127千克）。几种其他类型的蟒蛇包括印度蟒蛇和新几内亚、澳大利亚的绿树蟒蛇。澳大利亚也是毡蟒和虹蟒的家乡。虹蟒是一种大型蛇类，通常有16英尺（约5米）长。记录上显示有的虹蟒甚至长达28英尺（约8.5米）。

树蛇体型更小些，它们通常都是以鸟类、鸟蛋、小型树栖哺乳动物和爬行动物为食的漂亮蛇类。它们动作迅速、善于攀爬。它们身体颜色同树叶和树皮相似，是很好的保护色。婆罗洲的天堂金花蛇就有着色彩绚丽的绿色身体。它们经常被称为飞蛇，因为它们能够将身体变得扁平后从一棵树滑翔到另外一棵树，或者跨越小河。还有一种大型的树蛇被称为猫蛇，因为它们有着猫一样垂直的椭圆形瞳孔。这个地区还发现了生活着一定数量毒性不是很大的鞭蛇。

地面蛇类包括锦蛇、鼠蛇、游蛇、管蛇、穴蛇、盲蛇和蠕蛇。其中的小头蛇、两头蛇、小棕蛇、钝头蛇、白环蛇和紫沙蛇都是亚太雨林中一些常见林栖蛇类。

在雨林中生活的蜥蜴多达148种，体型差别很大，从几英寸的小身材到 8英尺（约2.4米）的庞然大物应有尽有。蜥蜴，壁虎和石龙子科的动物在雨林的两个分区内都有代表性物种。飞龙科蜥蜴常见而且有很多不同类型——包括拟毒蜥属、绿冠树蜥、棕背树蜥和变色树蜥；以及婆罗洲变色龙冠蜥和飞龙蜥都生活在雨林中。飞龙蜥和彩虹飞蜥身体颜色亮丽，通过滑翔的方式在树上穿行。它们身上的皮瓣可以在树上跳跃的时候像雨伞一样展开。一些其他的滑翔蜥蜴品种——包括黑喉飞蜥、斑点蜥、五线飞蜥、苏拉威西蜥蜴、麻蜥，以及一些常见的滑翔类蜥蜴，雨林都是它们的家园。

森林中最大的蜥蜴是巨蜥（巨蜥科）。它们是在非洲、中亚和南亚、马来西亚、印度尼西亚诸岛、巴布亚新几内亚和澳大利亚被发现的一个古老种群。巨蜥身体强健，具夜行性，是有着长脖子和长尾巴的爬行类动物。它们体型和体重大小的范围从短尾巨蜥的大约8英寸（约200毫米）及7盎司（约200克），一直到科莫多巨蜥的10英尺（约3米）和120磅（约54千克）。科莫多巨蜥是世界上最大的蜥蜴。它们只生长在印度尼西亚的弗洛雷斯岛和科莫多岛上。巨蜥的食物多样，小型巨蜥以水果和软体动物为食，而大些的巨蜥会攻击并杀死像鹿这样的大型哺乳动物。大型巨蜥还会以腐肉为食。

金壁虎、蝎虎、半叶趾蝎虎、树壁虎、飞蹼壁虎（飞守宫属）和大壁虎都生活在雨林地区。大壁虎身长大约14英寸（约350毫米），是现存最大的壁虎。它们生活在印度东北部和亚太地区热带雨林的树木里或者悬崖上。飞蹼壁虎因它们有能力在森林的林冠层的树木之间滑翔而得名。当空气的压力使飞蹼壁虎的身体、四肢和尾巴变得扁平的时候，有利于它们滑翔时身体的伸长，这时它们便可以从树枝上起飞了。

石龙子是世界上蜥蜴中最具多样性的物种，它们在亚太地区数量巨大。它们长有尖尖的嘴鼻和短小的四肢，身形苗条，动作敏捷。它们的活动很像那些蛇类。石龙子是肉食动物，以无脊椎动物和小型啮齿类动物为食。其他品种中的石猴蜥、山滑蜥、铜楔蜥、细三棱蜥以及岛蜥，都把亚太雨林地区当作自己的家园。

一些陆龟和淡水龟生活在森林里或者河边。靴脚陆龟和太阳龟都生活在森林里。 黑池龟和马来西亚箱龟生活在沼泽、池塘和森林中的小溪里。河龟大部分时间都生活在水中。同海龟一样，陆上河龟会到河岸上来产卵。它们会挖坑，在里边产卵，然后把坑和它们留下的行迹掩埋好，用来防止猫鼬在沿岸觅食它们的卵。在新几内亚和澳大利亚的雨林中生活着一些淡水龟，但没有陆龟。

蟾蜍、青蛙和蚓螈是亚太雨林中的两栖类动物，很多都生活在水中或者近水处，还有一部分一生中都生活在树上和森林地面层。癞蛤蟆（蟾蜍科）在全世界都可见其身影。它们有着矮胖胖的身体，纹理粗糙的皮肤和短腿。它们通常都是走路而不是跳跃。在亚太雨林中出现的一些蟾蜍是苏拉威西蟾蜍、中华蟾蜍、林地蟾蜍、头盔蟾蜍。赤蛙（蛙科）在整个区域数量都很丰富，其中包括食蟹蛙、沼泽蛙、田地蛙和溪蛙、浮蛙、蟋蟀蛙、岩蛙、马来西亚蛙和犀牛蛙。小青蛙和霸王角蛙生活于森林林地层的腐败落叶中，牛蛙、拟蝗蛙、黑斑蛙、小雨蛙（姬蛙科）在雨后会从洞穴中钻出来。树蛙和华莱士飞蛙在林冠层中数量丰富。像滑翔类的蛇、蜥蜴、松鼠和狐猴一样，华莱士飞蛙也会在雨林中滑翔。它们松松的皮瓣和带有蹼的手指和脚趾都为它们的滑翔提供了所需的力量。这些青蛙甚至可以在空中改变滑翔的方向。

蚓螈是没有腿的两栖类动物，同虫子或者蛇类相似。它们大多数时间都生活在热带雨林的洞中。几乎没有视力，在它们的口鼻处有着敏感的类似触角般的器官，可以帮助它们辨别方向和寻找猎物。蚓螈以虫子和昆虫为食。至今人类对它们还没有很好的研究，关于它们大部分的生态学知识和进化历史仍然处于未知状态。

昆虫及其他无脊椎动物　如同其他的热带雨林一样，亚太地区的雨林中生活着众多的昆虫和其他无脊椎动物，它们都在雨林中起着非常重要的作用。昆虫是雨林无脊椎动物中最大的一类。蝴蝶、蛾类、蚂蚁、胡蜂、蜜蜂、白蚁、甲虫、竹节虫、叶虫等种类繁多到令人难以置信的程度，而且它们都有着适应雨林生活的独特方式。

一年中某个特定的时期内，蝴蝶在雨林中数量丰富而且是一道多彩的风景。这个地区的很多蝴蝶都是五个主要蝴蝶科目家族的成员：（1）鸟翼凤蝶和燕尾蝶；（2）斑蝶；（3）灰蝶；（4）眼蝶和蛱蝶；（5）环纹蝶和紫斑环蝶。新品种的蝴蝶也在同时不断地被发现和辨认出来。鸟翼凤蝶和燕尾蝶是本地区最大也是最壮观的蝴蝶种群中的一些。它们有像鸟类一样的前翼，而后翼上生有长长的拖尾。鸟翼凤蝶通常都很大而且颜色艳丽。它们的翅展可以达到7英寸（约180毫米）。这个科的蝴蝶在婆罗洲一个地方就有1.1万个物种。灰蝶大多数都很小，颜色鲜艳，有着丝状的尾巴。它们之中包括了蓝蝶和窄尾小灰蝶。

蛾类在数量上比蝴蝶更多。最大的蛾皇蛾的翅展可以接近10英寸（约254毫米）。大多数的蛾类都是在夜晚活动，但是燕尾蛾却在白天活动。其他类型的蛾包括鹰蛾、天蛾和天蛾幼虫。鹰蛾体型从中到大，翅膀窄，偏瘦的腹部有利于飞行。这些蛾类是飞行速度最快的一些昆虫，飞行速度可以超过30英里（约50千米）。它们的翅展为1.5~6英寸（约35~150毫米）。鹰蛾因它们的飞行能力而被人们知晓，尤其是那种在空中悬停时快速地从一侧移动到另外一侧的能力。

竹节虫和叶虫在亚太雨林地区的数量丰富。竹节虫身体长而四肢短，看起来像极了嫩嫩的树枝。大多数的竹节虫可以飞翔，尽管它们在休息的时候翅膀会在腹部紧紧地折起来而无法被看到。最大的竹节虫身长超过12英寸（约300毫米），产自婆罗洲。叶虫比竹节虫更胖些也更扁平些，看起来就像叶子。它们身体的颜色不同，从绿色到棕色。它们腿部扁平，有着像叶子一样的裂片，同树叶很好地融合在一起。竹节虫和叶虫通常都是夜行性的。它们在白天保持不动以防止被发现。尽管白天不移动而且保持安静，它们晚上会开始活动，以树叶为食。

螳螂看起来也很像树叶和树枝，但其原因是不同的。竹叶虫靠的是保护色来防止被捕食，而螳螂是靠保护色来防止被要捕食的猎物发现。它们趴着等待去伏击那些并不知情的昆虫。兰花螳螂身体的颜色和外观同石斛兰花的花瓣很好地融合在一起，这样它们就可以趴着等待那些不知情的蝴蝶来拜访花朵了。其他的螳螂看起来像是腐败的树叶。枯叶螳螂在看到它们理想的猎物之前会一直在林地层上的枯叶之中隐藏着。

同在其他的雨林一样，在所有的亚太地区白蚁数量是很丰富的，它们是雨林的主要分解器。湿木白蚁主要以倒在地上的树木为食。这一科的白蚁可能是在本地发源的。这里森林中的白蚁大多数都属于高等级的白蚁科属。食土类白蚁和食木类白蚁都是属于这一类科属的白蚁。它们大多数生活于森林地面和地下，尽管有一些还会在树上垒窝。一些物种的白蚁还会被称为行军蚁，就像蚂蚁中的切叶蚁一样，以蚂蚁队列的方式携带食物行进。据估计，这里平均每平方码（约0.8平方米）内的蚂蚁超过了1000只。另外除了在处理朽木和养分循环方面它们起到了降解的作用之外，白蚁还是穿山甲、针鼹、鼬鼱、太阳熊和懒熊的主要食物来源。

亚太雨林有着数量巨大的蚂蚁物种。实际上，在婆罗洲岛的基纳巴卢山一块只有几英亩森林的面积内，已经发现640种蚂蚁。红树蚁和火蚁都是凶猛的巢穴护卫者。它们会快速地群起向侵略者发出强力的撕咬。巨型林蚁有害程度较低，但是体型巨大，有1英寸（约25毫米）长。它们把窝建在倾倒的腐烂树木里，晚间会一直爬到林冠层高处觅食，花蜜在它们的食物结构中占90%的比例。

蜜蜂科种类繁多，胡蜂和大黄蜂都生存在森林里，在树木的高处或者低处林冠层的灌木丛里垒窝。群居蜂在很多东南亚龙脑香科树木的授粉过程中起到了主要作用。大些的刨锛蜂也起授粉作用。亚太雨林地区的蜜蜂必须有能力同龙脑香科植物大面积花期之间有很长的间隔这种状况相适应。这也是为什么同新热带地区相比这里已经发现的蜜蜂数量更少。

亚太雨林中随处可以听见蝉的巨大的鸣叫声，有时甚至像尖叫一样。蝉以植物汁液为食，人们很难发现它们的踪迹，但在黄昏时，便难以忽略它们的存在。公蝉用鸣叫来吸引母蝉，这种不和谐的大合唱不会被错过，因为蝉是雨林中鸣叫声音最大的昆虫。

甲虫在雨林中非常常见而且物种多样。有些种类是某一个具体的岛屿所特有的，而有些则是整个区域内都有生存的。吉丁虫的颜色是带有金属光泽的绿色。叩头虫好像是靠把自己抛入空中来困扰捕食者。金龟子甲虫是动物排泄物的重要降解者。雄的犀牛甲虫有着精美的角可以用来在追求异性的时候与同性作战。两个角的和三个角的犀牛甲虫都出现在亚洲的雨林中。天牛科甲虫有着极长的触角，它们会在树上产卵，幼虫会在几年的时间里在树干内凿出像迷宫般的隧道，直到有一天它们以成虫的样子出现。象甲虫和萤火虫甲虫都是森林中数量丰富的甲虫动物。

其他无脊椎动物 亚太雨林的蜘蛛包括叶蛛科、辐足蛛科，还有一些种类的蜘蛛，它们可以坐等伏击猎物。金蛛科蜘蛛能够在树木或者灌木之间修建精美的金色蛛网用来捕捉大型昆虫。为了完成任务，蛛网必须非常结实。其实，人面蛛科的蜘蛛丝是最强韧的，在抗张强度上是钢丝的两倍。非常大的狼蛛科蜘蛛，比如说食鸟蛛会在洞内或者裂缝中等候并偷袭大型的昆虫，在这里的雨林中也有它们的巢穴。

蝎子是夜晚活跃的捕食者，白天会躲在石头或者树皮下，或者是腐败的朽木中。它们会攻击大型的昆虫。亚洲森林的蝎子是世界上最大蝎子家族的成员，身体长度达到6英寸（约152毫米）。鞭蝎同蝎子和蜘蛛都有关联。它们不像真正的蝎子长有螫针，但当它们被小型啮齿类动物或者其他的潜在捕食者惊扰或者威胁的时候，会从身体后端释放出一种酸性混合物（主要是乙酸）。鞭蝎主要以虫子、蚰蜒以及其他的节肢动物为食。

唇足科动物和百足科动物都是常见森林生物。唇足科动物是具夜行性的捕食者，以其他无脊椎动物为食。它们有着强力的颌骨可以给猎物施加痛苦的撕咬。它们还会用毒液来制服猎物。百足科动物通常在白天活动，以松软腐败的植物为食。有些百足科动物身体很长。在婆罗洲有一个物种的身长有8英寸（约200毫米）。

如果没有水蛭，一个雨林就不算完整。它们在低地湿林中非常普遍，悬挂在树叶和树枝上，等待着落在没有丝毫察觉的宿主身上。当它们发现宿主的时候，水蛭会将一种麻醉剂和抗凝剂通过伤口注入，所以受害者就不会感觉到水蛭已经贴到它们身上了。抗凝剂会保持血液的流动。水蛭饱食后会自动落下来。老虎水蛭体内没有麻醉剂，所以它咬起来很疼。大多数水蛭身长可以达到2英寸（约50毫米），但婆罗洲的基纳巴卢巨型水蛭可以长到12英寸（约300毫米）长。幸运的是，对于大多数动物（包括人类）来说，这种水蛭只吸食大型蚯蚓的血液。

人类对亚太地区雨林的影响

亚太雨林中的动物和植物在物理环境的影响下共同进化。降水或者是温度的改变会极大地影响到它们生存下来的机会。为了获得森林资源而对森林的破坏或者是将森林改变成农田，使热带雨林随着全球气候变化而出现的状况雪上加霜。随着人口数量持续增长而人们被迫迁移到雨林地区内，以及进行的不可持续发展的森林工业，还有盗伐和盗猎，这些都使亚太雨林处于危险的境地。

亚太雨林是世界市场热带硬木的主要来源地。在很多地区，一旦树木被清除，就会被转化成农田生产粮食和种植作物，比如油椰子和橡胶。

在过去的几十年里对雨林的破坏已经开始加速，主要是由不可持续性的木材提取和农田改造所造成的。很多地区，原始森林已经完全消失了。越南的雨林已经只有原来面积的20%。在印度尼西亚，由政府资助的向人口稀少的森林地区的移民项目，由于创建城镇和农田已经造成了雨林的破坏。在贫瘠的森林土壤上尝试的农业生产，会经常造成作物的歉收和最后整个区域的废弃。

迅猛的人口增长和对土地以及税收增长的需求，导致了大量的木材出口贸易。遍及马来西亚、印度尼西亚、斯里兰卡和缅甸的不可持续和

棕榈油和雨林的消失

西非的油椰子（油棕属）已经被散布到全世界用来生产棕榈油以满足不断增长的市场需求。棕榈油被用于生物燃料、食材、化妆品基础成分以及发动机润滑剂。油椰子的产量很高，比任何其他热带种植物的每英亩产量都高，并且为马来西亚和印度尼西亚提供了强有力的经济增长。不幸的是，棕榈油的生产涉及了要清除掉大片的热带雨林和使用大量的杀虫剂、除草剂。一旦森林被清除，油椰子被种植后可以生产大约25年。然后便会由于植物变得太高而不能经济地采摘到果实（棕榈油提取自果实）。之后，土地便会被遗弃，灌木丛生。为了棕榈油的生产而将森林清除导致了很多物种的灭绝。印度尼西亚已经制定了计划，将要在国家公园和保护区内以及周边建设油椰子种植园，这将使唯一一个遗留在该地区没有受到破坏的雨林面临破碎。

建立在清除森林获取木材以及油椰子种植基础上的经济发展，是在大多数地区都不可持续的。印度尼西亚和马来西亚持续地扩张着他们的经济规模，并发现生产棕榈油可带来高利润。不幸的是，因此而造成的雨林和生物多样性的消失率则更高。

工业化国家提出了一项雨林保护建议，通过支付碳信用来抵消自己的碳排放量，可能会带来一定的缓解。进口国对棕榈油的生产国提出可持续和负责的要求可能有助于限制毁林现象，但许多国家在要求责任生产的话题上都表现得很勉强。

非法的林木开采造成了雨林的丢失。在这个地区的某些地方的动乱也是造成森林破坏的另一个原因。

尽管婆罗洲还有一些没有遭到破坏的雨林，人口的压力和木材生产的利润已经在近期开始威胁到了原始森林残存的最后一块，它们今后能否生存已经是一个问题了。为了名贵的木材而进行森林采伐和油椰子植物的种植给现存的森林带来了严重的威胁。

新几内亚岛的雨林正在被迅速地开发。它的西部地区，新几内亚岛的印度尼西亚一边（巴布亚和依兰爪哇），由于印度尼西亚政府持续地向岛上移民而正被迅速地破坏着。在岛的东部地区，巴布亚新几内亚境内，农田改造和木材生产曾经只在这个地区的一小部分兴起，但是从2000年以来，这些改造已经开始迅速地蔓延。增加的人口、木材和矿产勘探都持续地成为威胁。尽管澳大利亚的雨林对外来物种入侵的抵御非常脆弱，它们仍然被大面积地保留并保护下来。很多亚太地区的雨林都对外来物种入侵的抵御很脆弱。人们已经向这个地区引进了很多物种（有意和无意），而由于缺少自然界的竞争者或者捕食者，引进的物种能够在数量上爆发式地增长。岛屿上的生态会更脆弱，这种引进，可能会将全部的本地特有物种消灭殆尽。

在整个区域内都有受到保护的地区和保留地。很多都是当地用来保护单一物种的，比如大象、犀牛、猩猩和科莫多巨蜥，还有一些是保护整个森林环境的。在2007年年末，印度尼西亚在澳大利亚的资助下，在婆罗洲开辟出一个17.3万英亩（约700平方千米）的泥炭林保护区。燃烧的泥炭森林是造成温室气体排放的一个很重要的原因。将这个地区保留下来，印度尼西亚便在保留了生物多样性的同时，也在地球上的这个区域内限制了温室气体的排放。

亚太地区的雨林大大地促进了世界物种的多样性。这个地区国家间持续的努力，并同当地的和国际上的环境组织通力合作，可以拯救现存雨林的大部分地区。如同非洲地区一样，可持续发展，可持续的林业和生态旅游业，将会在现在和将来的时间里为人们的生活提供保障，并更好地保存亚太地区的热带雨林。

热带雨林生物群落的每一个地区性表述都展示了在森林形态上和功能上的相似性。有些植物科属，比如豆科植物或者无花果科植物，在整个区域内都可生存，而其他的一些，比如龙脑香科植物会被局限在一个地区。这对脊椎动物和无脊椎动物来说也是一样的。相似性连同特异性的差别都是显而易见的。所有的三个地区都由于受到人类的侵犯和开发而遭受到大量的砍伐，使森林破碎化。随着持续的对森林的破坏，每个地区物种多样性的独特组合仍处于危险的境地。当地民众、政府以及国际团体，正在孜孜不倦地做出努力以保护现存的森林。

第四章
热带季雨林生物群落

　　热带季雨林群落出现在季节性气候盛行的热带。热带季雨林群落曾经覆盖着赤道沿线所有大陆的大片地区。这些森林存在了数千万年。随着地壳构造运动和气候的变化，它的面积也发生了变化。热带季雨林在陆生生物多样性方面比例很高，仅次于热带雨林。热带湿润森林、热带干燥落叶林、半常青季雨林及常青季雨林都属于这个群落（见图4.1）。这些森林每年承受几个月严重或绝对的干旱。不同类型森林通过有限的

图4.1　哥斯达黎加瓜纳卡斯特省干季开始时的季雨林地理分布情况　（作者提供）

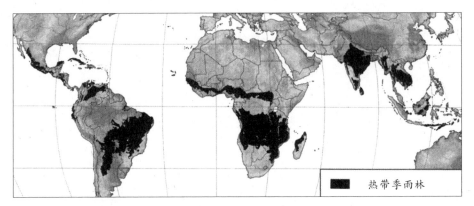

图4.2 世界范围内热带季雨林生物群落的分布情况 （伯纳德·库恩尼克提供）

水资源、季节性、干季的长度、树叶的持续时间、植物结构和土壤基质来区分其不同。

植物和动物采取各种策略应付干季。许多树是落叶树，即雨季停止时失去叶子。其他的植物长出能抵御干旱的小、硬且常青的叶子。动物也有不同的适应办法：许多动物将迁移进或迁移出森林；其他的改变了饮食结构，还有一些减少活动量。热带季雨林有丰富多样的生物，从古至今一直是大量人口的聚居地和农业发展的中心。热带季雨林群落已经降到原始分布面积的一小部分，这使它变成所有陆生群落中最濒危的群落。虽然这个群落在生物、地理和文化方面都很重要，但它却是热带生态体系中最不被人熟知的群落之一。

地理位置

热带季雨林群落呈很宽的带状，它沿着热带雨林周边分别向北纬10°和南纬20°的地方延伸，海拔低于3000英尺（约1000米）。这个群落明显地出现在三个地理区域（见图4.2）。这些区域有显著的特点，并供养独一无二的物种。即使在一个区域内，季雨林也会在落叶林和常青旱地林之间发生很大变化。

在墨西哥和中美地区，季雨林覆盖着西海岸和加勒比海中的几个岛屿。南美国家巴西、玻利维亚、巴拉圭及阿根廷都拥有大面积的新热带区季雨林。旱地林种类变化最多的地方是墨西哥的西南部和南美的查科以及巴西东北卡廷加地区。在非洲，季雨林出现在西非和中非热带雨林的边缘地带。东海沿岸还点缀着热带稀树草原。马达加斯加的西海岸还有剩余的旱地林。在马达加斯加，季雨林供养着一个独一无二（世界上任何其他地方都找不到）的动植物群。亚太地区（印度、东南亚、印度尼西亚群岛、新喀里多尼亚及澳大利亚）拥有受季风影响很大的季雨林。这些季雨林成为种类极其繁多的大型陆生哺乳动物的家园。在每一个地区，动植物都进化了同样的适应策略，以应对降雨量急剧的、季节性的改变。

热带季雨林群落的起源和形成

这个群落的起源类似于本书第二章阐述的热带雨林的起源。当泛古陆的超大陆块在二叠纪出现时，热带季雨林沿着热带雨林的边缘发展起来。在中生代，泛古陆分裂成两大陆块——南部的冈瓦纳古大陆和北部的劳亚古大陆，造成了大范围的气候变化。冈瓦纳古大陆包括南美、非洲、马达加斯加、亚洲、印度及澳大利亚的热带森林。随着地球构造板块开始分离，南美（包括南极）和澳大利亚开始远离非洲。在白垩纪早期（大约1.2亿年前），马达加斯加和印度从南部板块分离，向东北移动，与亚洲相撞。马达加斯加变成印度洋中一个孤立的岛屿。后来，大洋洲板块分裂，向东移动。南美洲、大洋洲和非洲成为独立的岛式大陆，各自进化了独特的动植物体系。在劳亚古大陆的北部，北美与欧洲和亚洲连接，并开始缓慢地向北移动。

在第三纪早期，大约6500万年至5000万年前，热带季雨林分布广泛。变化的气候带来了季节性。在热带的某些地方，有明显的干湿季，这使得热带雨林的面积缩小，季雨林扩大。在整个更新世时期，气候持续变化，从季节性气候到季节变化不那么明显的气候。在间冰期，较温暖、更潮湿及更没有季节性变化的气候形式又回来时，热带雨林的面积又扩大了。季雨林随之受到限制，被分割成碎片状。

造山运动和波动的海平面对森林的动植物群有重大影响。较低的海平面使得美洲和贯穿巽他陆架的太平洋岛屿的大陆桥显露出来，从而物种得以交换，并改变这些地区动植物的构成。海平面回到高水位时，岛屿、大陆暂时隔绝，为物种其独特性提供了机会。

尽管在热带季雨林中找到的许多分类群都与过去有关，但今天森林的结构和外貌已经非常不同了。人类长期以来对季雨林的占用、火灾的损毁、毁林垦田等都对世界热带季雨林群落的类型和面积有重大的影响。

气 候

热带季雨林群落的温度全年都很高，平均月温度为75°F~81°F（24℃~27℃），当然这要取决于森林的地理位置。温度可以表明一些季节变化，在68°F~86°F（20℃~30℃）之间不等。热带季雨林没有霜。所有热带季雨林统一的气候变化是降雨的季节性。年降雨量很高，在40~80英寸（约1000~2000毫米）不等，主要出现在夏季的月份（见图4.3）。热带季雨林群落的特点是每年有4~7个月的干季，这足以让许多树、藤本植物和其他植物有时间脱落叶子。充沛的降雨、鲜明的干季以及温暖的气温，形成热带干湿气候（柯本分类系统中的Aw），或叫作热带季风气候（柯本分类系统中的Am）。

热带季雨林在雨季和干季的持续时间方面变化非常大。降雨量和降雨时间很大程度上受控于热带辐合带的季节变化和热带季风的出现。热带辐合带是一个气压低、多云及有降雨的地带。它随着太阳的运动而向南或向北移动，在热带季雨林地区形成明显的干湿季。降雨集中在热带辐合带出现的阶段。热带辐合带离开时，干季也就到来了。在北半球，

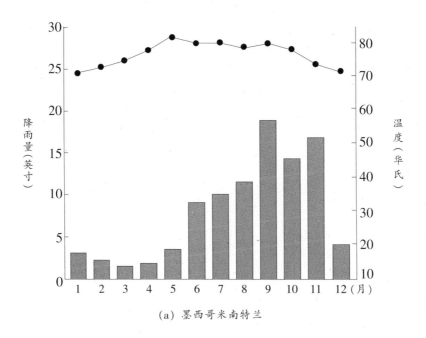

(a) 墨西哥米南特兰

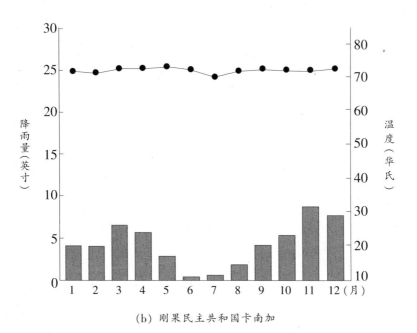

(b) 刚果民主共和国卡南加

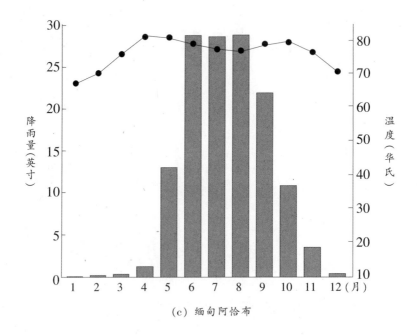

(c) 缅甸阿恰布

图4.3　热带季雨林群落气候图。在每一个地区，全年气温都很高，但降雨量夏季达到高峰，冬季减少，形成负水平衡　（杰夫·迪克逊提供）

干季出现在每年的12月到第二年的3月。森林结构、林冠层高度以及生物总量，都受降雨量和干季平均长度的影响。请阅读第一章对全球环流形态以及热带能量估算的论述。

季　风

热带季雨林群落的几个地区，尤其是亚洲，受季风影响很大。季风是盛行风风向有重大改变的现象。它由陆地和海洋之间的温度差异引起，并可持续几个月。季风的风向改变是季节性的，夏季湿气从海洋吹向大陆，冬季干燥的空气从大陆吹向海洋。潮湿的热带海洋气体从海洋流向大陆，遇到山脉，使其上升、冷却并形成云团，造成强烈的对流降雨。在冬季，亚热带高压系统到达热带气候更加明显的纬度，随之而来的是干燥的大陆性气流和漫长的干季。

　　尽管季风在一些国家出现，但其中最著名的是亚洲季风。巨大的亚洲板块（包括巴基斯坦、印度、斯里兰卡、孟加拉和缅甸）和大面积的海洋围绕的区域（阿拉伯海和印度洋），为季风气候和陆地与海洋之间热量的转换提供了完美的条件。

　　4月左右，季风前的热量在陆地上聚集，导致气体上升，形成印度北部和喜马拉雅上空的低气压带。海洋温度上升缓慢，造成陆地和海洋之间有36°F（约20℃）的温度差异。在海洋上，空气更凉爽，密度更大，与高压地区相连。为了保持大气中的能量平衡，气流开始从海洋向陆地流动（从高压向低压），带来穿越太平洋的潮湿的西南风（见图4.4）。

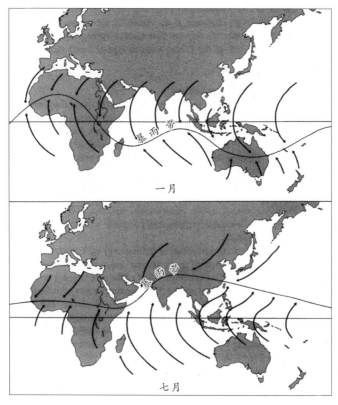

图4.4　亚洲季风图，当夏季海洋暖流流向陆地时，雨季到来了　（杰夫·迪克逊提供）

随着风向的改变，雨季到来了。雨季通常从5月末开始，首先袭击斯里兰卡，然后从孟加拉湾向北移动，进入印度和孟加拉的东北部。当陆地和海洋在夏末秋初开始变凉爽时，陆地比海洋散热更快。风向倒转，干燥的大陆风盛行，长长的干季开始了。

季风还控制着非洲热带季雨林的大部分降雨量。高密度、高含水率的季风气团可以在短时间内带来倾盆大雨。印度和非洲都有记录记载，每日最大雨量为20~30英寸（约500~760毫米）。

北半球的冬天天气晴朗，气候干燥；而在遥远的南半球，来自寒冷的亚洲北部的强烈的北风和东北风与潮湿的热带季风混合，给澳大拉西亚带来恶劣的天气，包括暴雨和台风。这种气候形态形成了澳大利亚和太平洋一些岛屿的热带季雨林。

土　壤

热带季雨林群落的土壤多种多样，但类似于热带雨林的土壤（见第二章）。在南美和非洲，土壤是古老的，流失率很高，失去了大部分养分。这些古老的土壤源于前寒武纪大陆盾，并饱受风霜、酸性物质和红黄氧化土的侵袭。氧化土营养成分很低，氧化铁和氧化铝的含量却很高。在这个群落中，老成土很普遍，在亚洲热带地区是主要的土壤。这些土壤来源于结晶岩，并不肥沃，酸性较弱。热带季雨林中还有一些源于玄武岩和石灰岩的土壤，其排水良好，是肥沃的始成土和淋溶土（大多数变成农田）。这些土壤富含古老与现在的河流所沉积下来的淤积土。地质、地形、湿度、养分循环及分解速度都有助于形成这个群落中的土壤结构和类型。总之，热带季雨林的土壤并不肥沃，在新热带地区主要是氧化土，在亚太地区有更近期的肥沃土壤。非洲的土壤介于两个地区之间。与大面积广阔的旱地林有关的特定土壤类型（如南美的查科低地平原和卡廷加群落）将放在第五章讨论。

营养循环和分解

在热带季雨林群落中，热带土壤对营养循环几乎没有什么益处。然而，某些土壤提供了营养循环所需的磷、镁和氮等成分。养分的较大贡献者是土壤上面的森林植被和其中的微生物。在植物和死亡生物的腐烂物质中，有频繁的有机活动。在干季之初，树开始落叶，分解层迅速积聚。这一层分解缓慢，直到湿季来临，分解加速。死亡动植物的分解是通过许多微生物进行的，其中包括昆虫、需氧细菌和厌氧细菌以及真菌。它们促使无用的有机无机复合物转变成植物可用的养分。植物的根部和随之而来的有益真菌促进了被分解物质的摄取。相对于类似的热带雨林，热带季雨林中许多树的根要大得多。树根生物量的大部分出现在接近地表和地下的细根中。它们与真菌形成网络，而真菌能够迅速吸收养分，并使它们能被植物利用。细根在干季时减少，雨季来临时，又长出来。

季雨林的热带土壤复杂多样。有些是古老的、酸性的、肥沃程度较低的土壤，这是由数百万年以来持续不断的炎热气候和降雨造成的。有些是贫瘠的冲积土壤，还有些是肥沃的年轻土壤，是由常年的泥沙沉积和火山活动形成的。这样肥沃的土壤绝大部分都被用作耕田，供养这些区域内的大量人口。

植 被 状 况

热带季雨林因种类和地理位置不同而变化。各种森林结构，包括树木高度、树冠层、树的密度的不同变化在这个群落内都很明显。较接近赤道的季雨林是半常青的或大部分是落叶的密生林。相较于这些落叶林，其他季雨林可能在结构上更小、更简单，是几乎没有树冠层、更抗旱的常青树。森林的分层、季节性降雨和土壤湿度的片状分布都会影响热带季雨林群落森林和植物种类的多样性。

随着热带地区每年降雨量下降到78英寸（约2000毫米）以下，落叶木本植物数量开始增长。落叶是树木对水缺乏的保墒反应。在大多数月份都没有雨水的地区，肉质植物和叶子较小的抗旱常青植物占据主导地位。树木高度的降低是由于树根部不能获得足够的雨水和干季的延长。藤本植物从湿润森林变成旱地林，数量在不断增长，热带季雨林中所有植物种类的34%都是这样。附生植物也减少了，同样是因为干季期间湿度低、雨露少及生长环境不利。在干季，平均湿度可降低至20%~60%。

热带季雨林生物多样性比例很高，尽管比热带雨林稍微少一些。例如在东非，沿海热带季雨林在生物多样性方面仅次于热带雨林。研究人员估计，比邻低地热带雨林的低地季雨林包含了附近热带雨林所有动植物的50%~100%。远离热带雨林的地方，和热带雨林相比，季雨林平均拥有50%或更少的种类。

森林结构

热带季雨林有一些明显不同的生物群落，每一个都有不同结构。树木可能是落叶的或常青的，树冠层高度为10~130英尺（约3~40米）。和热带雨林接壤的季雨林往往有密生或接近密生的落叶树林。在较高的落叶林中，在林冠之上的露头树高度可达145英尺（约44米）。在热带落叶林中，大多数主林木在干季是落叶的和休眠的，尽管休眠有可能不会持续整个干季。树木通过落叶保持水分。一般来说，当旱季之初水分应力度高时，树叶就会脱落。在一个特定的群落中，甚至一棵单独的树上，树叶也不会同时落下来。在一棵单独的树上，有些枝条叶子脱落，而其他枝条竟然发出新芽。落叶林的叶子和热带雨林的树叶相比往往较大，不像皮革那么硬。它们在湿季开始时迅速成长。在其他类型的季雨林中，常青树占主导地位。这些树木不高，叶子也很小，硬如皮革，以便抵御漫长的干季。季雨林中的常青树往往较小，树冠稀疏或密闭。和热带雨

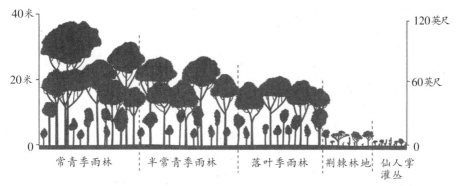

图4.5 从湿润雨林到旱地林的切面图。树木变得越来越矮，最终随着雨量的减少而消失 （杰夫·迪克逊提供）

林相比，季雨林中大多数树木都是较矮小的，森林结构也不那么复杂。随着干季的延长，相较于热带雨林，季雨林的林冠变稀疏，几乎没有林冠层，生物总量降低，初级净生产活动减少 （见图4.5）。树木的直径比热带雨林要小，因为生长季缩短，每年树木的生长期只是热带雨林的一半。 季雨林中发现的树木家族也常常会出现在热带雨林中，但物种的不同还是很明显的。豆科（蝶形花科）中的许多树很常见。金合欢属和云石属的树木在所有地区都有，但不同区域可能会有特定的树种。无花果科（桑科）的树木在世界各地的季雨林中都是很普遍的。木棉科的大树（包括新热带地区的木棉树以及非洲和马达加斯加的猴面包树）都是这些森林中最高的树种。这个群落中其他常见的树种包括野牡丹（野牡丹科）、橡胶树（山毛榉科）、大戟属植物（大戟科）、腰果树（漆树科）、月桂树（樟科）、肉豆蔻（肉豆蔻科）、桃花心木（楝科）和乌木科（柿树科）。棕榈树在所有地区林冠层和林下叶层中都很丰富。龙脑香科树木出现在非洲和亚洲的季雨林中。柚木是亚洲（尤其在缅甸和越南）季雨林中发现的有价值的硬木 （见第五章）。

热带季雨林中的落叶树往往有光滑、厚厚的树皮绉，而常青树和在旱地林中的树皮皱更厚 （见图4.6）。厚厚的树皮皱可能是为了适应火灾。有些树自身有荆棘刺。几乎没有树木像热带雨林中常见的露头树那样拥有宽大的底部。藤木植物和其他木质藤蔓与主林木同样占据主导地位。季雨林中发现的植物不如热带雨林多。季雨林中，附生植物减少或消失,但也有些例外，如仙人掌、大戟属植物、凤梨科植物等。

当树木落叶时，阳光照射到林叶下层。在落叶林中，林叶下层的灌木层变得浓密（见图4.7）。许多灌木是常青或半常青的。在干季，林冠层稀疏之后，它们可以利用太阳的充分照射，保持住叶子。当湿季来临,它们又被落叶林遮挡，有些灌木就落叶了。

图4.6 热带树上的光滑树皮能防止藤蔓的生长，也能阻止动物爬树 （作者提供）

植物物候学表明，树木的落叶、开花和结果的时间在不同树木种类之间，甚至同一种类的每一棵树之间都不同。尽管关于标志植物开始这个过程的准确原理还没有得出结论，但是由土壤水分减少所导致的水分胁迫被认为是重大的因素。白天的长度和树龄也是重要的因素。一般来说，树木开花是在干季之初。开花和结果期表明与授粉者有关的模式。鸟授粉的植物往往在干季开花，为鸟在食物缺少的季节提供食物来源。这些植物的花又大又鲜艳，在树叶稀少的干季，很容易被看到，并且能吸引鸟来授粉。凤凰木是马达加斯加岛特有的，开着鲜艳的红黄色花。它就是在干季之初，树叶开始落下时孕育的。许多在湿季开花的植物是经由昆虫授粉的，或是处于较干燥的地方，那里水分胁迫可能阻止花芽形成。季雨林中有些引人注目的花，这些花有专门的授粉者，如天蛾科昆虫、蝙蝠、鸟和大中型蜜蜂。尽管季雨林中的许多植物由动物授粉，但是所有树木中的三分之一和藤本植物种子中的80%是由风播撒的。在热带雨林中，绝大多数种子由动物传播。

　　热带季雨林中也有老茎生花现象。老茎生花是在无叶的树干上孕育花和果，而不是在小枝条上。季雨林的许多树在很矮的无叶树干上开花（而后结果），或者它们直接在树干或大枝条上开花。老茎生花树木的花朵常常是由鸟和蝙蝠授粉的。它们的果实被较大的动物吃掉，因为这些动物可能够不到树冠上的果实。这些树需要这些动物播撒它们的种子。无花果树就是热带季雨林群落中很普遍的茎生花树的一个例子。

　　随着干季的延长，纬度的上升，季雨林也从落叶林转变成常青林。随着这个改变，利用景天酸代谢作为光合手段的植物增加了。

　　图4.7　热带落叶林的林冠层的形成有季节性，林叶下层普遍会变浓密，如哥斯达黎加的瓜纳卡斯特省浓密的林冠层　（作者提供）

应对干旱

景天酸代谢光合作用是一种干旱地区植物进化出来的既能限制水流失，又能同时进行光合作用的方法。白天，植物气孔关闭，防止水流失。夜晚，植物气孔打开，吸收二氧化碳，并作为苹果酸储存下来。光合作用的最后阶段是在白天利用太阳能，使苹果酸转化成碳水化合物。这个过程在沙漠植物中是很普遍的，并因这个过程第一次是在景天科植物中发现而得名。

热带季雨林的地下生物总量比热带雨林要高。其树根更大更深，能储存并恢复干季开花时所需的水源和养分，因为那时光合作用有限或根本不发生。根群的发展使得它能够储存执行这些功能所需的水和能量。有些树有宽大的水平根，而其他的根是纵向生长的，扎入泥土很深的地方。许多根都有丰富的细根须。在低矮的干森林中，根须可占森林生物总量的50%。许多树和藤本植物都抑制着这种适应性变化。

有些季雨林在干季时几乎没有生命迹象。在雨季到来之前，红褐色的树皮皱和灰色的枝条占主导地位。树叶通常是在第一次大雨之后十天之内长出来的，又过几周，树叶颜色变深，秃树变得苍翠繁茂，并有大量的动植物。

热带荆棘灌丛

热带荆棘灌丛出现在所有降雨是季节性的降雨量极低的三个地区。年降雨量低到20~25英寸（约500~640毫米），干季长达七个月。在中美洲，植被类型也被叫作"卡图斯灌丛"，这是因为这里有大量的卡图斯植物种类。荆棘灌丛由低矮的带刺树木、灌木丛和肉茎植物组成。稀疏的上层只有几个植物种类。这些树木的高度可达20~30英尺（约6~9

图4.8 生长在坦桑尼亚沙土中的热带棘林 (作者提供)

米)。木本物种是长着小叶的落叶林，许多还长着荆棘和刺。林下叶层
生长得并不好，由带刺耐旱的灌木丛和苔藓植物构成，光秃秃的荒地也
占很大比例。豆科植物中的洋槐和其他树木在世界上的荆棘灌丛中非常
普遍。仙人掌出现在新热带地区，大戟科植物在亚洲和非洲很常见
(见图4.8)。茎肉植物、耐旱的棕榈植物、附生苔藓和地衣以及陆生凤
梨科植物（新热带地区）都很普遍。

热带疏林

热带疏林是由或密或疏的林木散布其间的地方。其林下叶层是草
原，其林木或是常青或是硬木或是落叶的。热带疏林易受火灾影响。因
频繁的火灾、树木砍伐或放牧，许多热带疏林已经被热带稀树草原代
替。这个群落中独特的森林或生态区包括巴西东北的卡廷加群落、巴拉圭

的查科、玻利维亚南部和阿根廷北部、非洲的阔叶树草原、亚洲的落叶龙脑香科森林。它们以某一特定的森林结构和种类构成为特点，我们将在第五章详细讨论。

热带季雨林地区的动物

热带季雨林动物多样性和热带雨林是类似的，但是这种多样性到亚热带就减少了。对季雨林动物的研究表明，季雨林动物的多样性仅次于热带雨林。植物的进化和适应为动物的多样化带来了各种不同的栖息地和大量的机会。无数的鸟、爬行动物、两栖动物和哺乳动物都曾有过记载。白蚁类和其他无脊椎动物也有很多种类。热带季雨林的许多地区还没有被广泛地研究，季雨林动物的许多分布模式和行为模式还有待进一步阐述。

热带脊椎动物

在热带季雨林群落中，哺乳动物种类非常丰富。灵长类包括狨猴和猴子。季雨林中也能发现大猩猩和小猩猩。大型啮齿动物，如新热带区季雨林的无尾刺豚鼠和刺鼠为人类和动物提供食物。食虫动物，如食蚁兽和犰狳仅限于新热带地区，而穿山甲、土豚、狐猴和有袋貂填充了非洲和亚太地区的生态位。几种哺乳动物进化了复杂的胃或消化系统，以便充分消化有限的树叶。这些动物包括新热带地区的树懒和亚洲的叶猴。食肉动物，如美洲虎、美洲豹、老虎，还有猫鼬和麝猫是季雨林的主要食肉动物。大型食草哺乳动物，例如大象和犀牛生活在亚洲和非洲的季雨林。蝙蝠是热带生态系统的决定性成分，而且数量很大。蝙蝠在植物的授粉、种子传播和昆虫捕食方面发挥着非常重要的作用。

热带季雨林与热带雨林一样，鸟的种类繁多。鸟种类的数量和多样性受季节和区域差异影响很明显。不同类群已经在不同的地理区域开拓繁殖并增加种类。季节性开花结果常常把附近的热带雨林、稀树草原及中纬度的温带森林的候鸟吸引到季雨林中来。

爬行动物和两栖动物种类繁多，但数量并不多。热带蛇包括毒蛇，如响尾蛇、珊瑚蛇和眼镜蛇，还有无毒蛇。许多都与比邻的热带雨林或接壤的稀树草原类似。在热带季雨林中，人们还可寻觅到多种蜥蜴，包括石龙子、鬣蜥、壁虎、变色龙和巨蜥，还有青蛙、蟾蜍和蚓螈。

适应策略　尽管热带雨林和季雨林有类似的动物科属，但热带季雨林还包括一些独特的物种。它们拥有独特的适应方法，使它们在季节改变的条件下仍能茂盛地生长。这些适应方法包括当地和区域性的迁徙、行为方式的改变、饮食习惯的改变及季节性储存脂肪和食物资源。

一些脊椎动物通过季节性迁徙，以利用各种食物或栖息地。例如，新热带地区的吼猴干季时集中在河岸林中，当雨季到来，树叶重现时，它们又回到季雨林中。蜂鸟在干季植物繁茂时从河岸地飞到旱地林。蝙蝠飞很远的距离去寻找开花结果的树木。同样，非洲和亚洲大象的移动与季节性美味食物和水源的可用性有关。因为很多植物在干季开花结果，收获种子，所以许多动物从邻近的栖息地来到这里，利用这些植物资源。亚洲虎就跟随着它们的猎物来到旱地林。

为了应付水的季节可用性，许多动物还改变饮食、行为模式和繁殖的时间等。在干季，一些蝙蝠把它们的饮食从昆虫改变成更可获得的、水分丰富的水果。食蚁兽在干季从吃蚂蚁改成吃白蚁，因为白蚁水分更高。很多两栖动物一年中只有几个月是活跃的，正好与温暖、潮湿的季节相吻合。热带季雨林的两栖动物把孕育生命的时间巧定在湿季，以利用水。

热带无脊椎动物

季雨林中发现的无脊椎动物同样也可以在热带雨林中寻觅到其踪

影。蝴蝶和蛾、蜜蜂、蚊子、蟑螂、甲虫、竹节虫、竹叶虫等都很丰富。白蚁类全年都很多，这对分解有机物、使植被获得营养起到很大作用。白蚁类既是陆生的又是林生的，并且是许多无脊椎动物蛋白质的来源，尤其是在干季。蚂蚁在季雨林中极其普遍。其中几个物种进化了专门的互惠共生行为或者是与某些植物种类发展了密切关系。通过食草动物的保护，蚂蚁在树林中找到栖息地和食物。甲虫、蚊子、竹节虫、竹叶虫、美洲大螽斯、叶蝉以及螳螂都改变了行为、身体结构或者颜色来适应它们周围的环境。蜻蜓是季雨林中的食肉类昆虫。它们捕猎小昆虫，如蝴蝶和蚊子。蝎子和鞭蝎，还有蜘蛛把这个群落当作自己的家园。

与众不同的气候、动植物多样性的进化、动植物特殊的生命循环以及适应性行为使得热带季雨林变成一个独一无二的群落。人类与动植物一起，也成功地适应了这个群落，并发现它能很好地满足人们的需求。千百年来，人类一直居住在季雨林，并利用季雨林。长久的使用已经导致曾经存在的大部分季雨林消失。如果没有相当大的努力去保持维护季雨林，那么这个群落就很显然会有消失的危险。

人类的影响

人类利用热带季雨林资源已经有很多年了。任何现存的旱地林很有可能在历史上的某一时刻都被用来当作木柴或木炭生产的来源。例如在巴拿马，人类对植被的改变已有一万年。森林砍伐和轮作耕种在亚太地区（最先发展农业的地方）甚至有更长的历史。人为使用季雨林被如此坚定地写入环境历史，以至于季雨林的真实本质和最初的面积永远也不会被人了解。许多现在的稀树草原、灌木丛林地和荆棘林地都被认为是旱地林受到干扰的结果。

热带季雨林普遍受损的影响是广泛的、深远的。它们包括生物多样性的损失、气候改变、水文过程、侵蚀、土壤凝结和养分流失。旱地林由于各种原因比其他热带生态体系类型更容易转换。第一，温暖干燥的气候往往比炎热潮湿的气候对人类和牲畜更有利。第二，干季可有助于森林燃烧，使季雨林比雨林更容易清除。第三，害虫灾害因延长的干季而降低，增加了旱地林林地用作农田的有利条件。昆虫传播的疾病，如疟疾或登革热在干燥地区并不是太大的问题。第四，干燥土壤和热带雨林土壤相比不那么容易凝结，这又是一个可以用作农田的特点。还有，旱地林土壤一般都更肥沃，养分不易流失，更容易处理连续的植被和杂草。这些在季雨林地区定居的优势成就了大型人口聚集中心。结果，人类活动对这个生态区的威胁是多重复杂的。森林砍伐率超出了热带雨林地区。

热带季雨林正以惊人的速度消失，未开发的季雨林几乎没有。随着世界上这些人口密度高、季雨林地区被开发，复杂的社会、政治和经济因素也卷入了采伐森林的进程。轮耕农业是季雨林损失的主要原因之一。但与此同时，定居者和各种政府项目也会影响森林砍伐。在某些地区，放牧在森林转化中发挥了重要作用，很明显的是中南美洲。把公路修进森林或穿过森林也有毁灭性的后果，这一点从修建横跨中南美的公路中可以见到。

转换成农业用地的农田被认为是热带季雨林中森林砍伐的主要原因之一，因为不断增长的人口带来耕种人数的大量增加。在热带雨林章节中讨论过的这个问题的许多方面在热带季雨林中也出现了。但因不断上涨的人口压力，它们以更快的速度出现了。可持续的农林复合系统的生产力尽管被证明是轮耕的两倍，但在实际生产中并没有经常被用，因为许多农民缺少必要的知识去实践这种方法。

第二个主要原因是大规模的工业化农业的增长，并且很快成为现存季雨林继续生存下去的主要威胁（见图4.9）。过去，人们认为轮耕农业更有威胁，但这种认识迅速改变了。因为土地常常被错误地认为没有经济价值，直到森林被清除。有肥沃土壤的旱地林地区正作为转变成大规

图4.9　大面积的林地被清除，用作农业生产，只剩下小片的热带季雨林　（作者提供）

模农业生产的目标。例如，在亚马孙南部的季雨林中，大片的林地正在被清除，以便种植大豆。在玻利维亚的圣克鲁兹也出现了类似的情况。在那里，森林砍伐率是世界上最高的。砍伐森林来种植大豆的热潮发展得如火如荼，尽管在清除森林之前，曾经选择性地砍伐一些经济林，但大量的硬木林仍被烧毁以扩大种植面积。这种农作物的生产被认为是新热带区森林被砍伐的最重要的原因之一。

　　木柴和木炭生产是在热带季雨林中和周围生活的人们所需的主要产品，因此大量森林被砍伐。在热带，所有被采伐林木的70%~80%都被用来满足发展中国家人们的家庭需要。而在亚洲，这个比例升到90%。由于对薪材的大量需求和旱地林中树木生长的缓慢，树木的短缺很快就会显现。一般来说，薪材由家庭成员捡拾，为个人使用。因此，一个地区内家庭越多，森林将会受到越大的影响。有两种薪材捡拾的模式。围绕人口中心的森林地区的林木首先被耗尽，家庭成员必须到更远的地方去找薪材。薪材可以在伐木刚结束的地方拾到。一旦薪材不容易得到，疏林和木本植被随后很快就会遭到毁灭之灾。广泛采集边缘地带的薪材可以导致森林的毁灭和森林转变成稀树草原或沙漠。

世界人口会继续增长，薪材不可能满足不断增长的需求。减少需求的一个方法是种植产量很高的树种。尽管这个方法前景很好，但它受到水和促进生长的刺激物的限制。刺激物与自然用雨水灌溉的种植方法相比，可加快生长速度四倍。但这种方法太昂贵，不太可行。为薪材付费对于依靠实体农业生存的家庭来说非常困难。

火灾在大多数热带季雨林中是一种自然但相对罕见的现象。最容易受火灾影响的是那些比邻稀树草原的旱地林，尽管考虑到林冠层下植被稀疏，它们不会受到很严重的影响。然而，如果火灾频繁，种子和幼苗被烧毁，森林不能再生，随着时间的流逝，森林也就变成稀树草原和灌木丛林。今天，火灾普遍被人们用来清除森林，控制牧场上的杂草，烧掉伐木剩下的树木残体。在整个热带地区，无论是有意的还是无意的火灾，其规模和频率都在上升。被砍伐过的季雨林更容易发生火灾，尤其在干旱期。暴露的森林很快就干透，成堆的树木残体很容易被闪电点燃。轮耕的农牧民也会点火清除林地。片状森林更易于发生火灾，因为边缘地带缺水，并且森林牧场常常紧邻易发生火灾的牧场和农田。低强度的火灾竟能穿过长距离，进入片状森林，烧毁无数的树木和林冠层，这就进一步增加了未来发生灾难性火灾的可能性。

森林生态环境的些微变化，结合伐木、刀耕火种的活动以及干旱，都能够增加火灾的潜在危险。厄尔尼诺现象导致了干旱，也已经造成了大火，这些大火烧毁森林，毁坏大面积的林田，这种现象在亚洲尤为明显。

最后，砍伐森林不是随意的过程，不是所有森林都受到同样的威胁。最易受到影响的地区是那些坡度较缓、生产力高、排水良好并适于耕种和放牧的地方，如亚洲的季雨林。因此，最受关注的地区之一是东南亚，因为它的热带森林面积较小，森林砍伐率却相对最高。

热带季雨林是世界上受威胁最大的群落。在中美和马达加斯加，超过80%的森林正在退化或者被毁坏。而在非洲和东南亚，至少60%～80%已经转化成农田。两块剩下的连成片的季雨林都在南美，但它们也处于危险之中。在其他大多数地区，季雨林被分割成碎片，分散在广大的土地上。

有关热带季雨林的生态状况还有很多需要人类了解。人们对热带季雨林的生物、功能、价值的兴趣不断提高，这就使人们有希望保护这些独一无二的生态系统。现在急需以了解生态学为基础的土地使用政策。

在本章，我们概述了热带季雨林生物群落。每一个概念——气候、土壤、植被、动物及适应方式将在第五章热带季雨林的生物群落区域中专门论述。

第五章
热带季雨林的生物群落区域

热带季雨林的几种森林类型出现在热带季雨林群落的三个区域中。它们是新热带区、非洲和马达加斯加以及亚太地区。热带季雨林是人类适应的环境，因此，大量人口定居于此。人类在改变热带季雨林中所扮演的角色的意义是深远的。热带季雨林的清除和转化使它变成全世界受威胁最大的群落。本章将描述热带季雨林群落的三个区域。表5.1提供了世界上热带季雨林区域的对比。

新热带季雨林

新热带区的热带季雨林地理位置是从墨西哥到阿根廷（见图5.1），海拔在从海平面到4000英尺（约1200米）之间。新热带区可分为两个亚区：中美洲和南美洲（见图5.2）。中美的热带季雨林包括尤卡坦半岛和从墨西哥到哥斯达黎加太平洋沿岸狭长地带的中美洲。在中美洲，季雨林大多出现在山脉的雨影区或来自海洋沉积物的石灰岩土壤上。热带季雨林也可以在一些有限的、片状分布区找到。如大西洋沿岸的伯利兹城和洪都拉斯以及加勒比岛上的古巴、波多黎各、多米尼亚共和国和小安德列斯群岛。南美亚区包括哥伦比亚和委内瑞拉的加勒比海沿岸、巴西东北的卡廷加地区以及横贯巴拉圭、玻利维亚和阿根廷的格兰查科地区，在这里有大面积的季雨林。在玻利维亚和秘鲁北部的安第斯山脉干燥的峡谷内也有小面积的季雨林。

表5.1　热带季雨林的区域对比

	新热带区	非 洲	南 亚
地理位置	墨西哥、中美洲太平洋沿岸格兰查科和卡廷加地区	苏丹和赞比亚地区	东南亚　印度
年降雨量	27~28英寸（约685~710毫米）	27~60英寸（约685~1520毫米）	40~120英寸（约1000~3000毫米）
土 壤	氧化土　老成土	氧化土　老成土	老成土　始成土
独特的植物群特性	帕洛巴罗切树（音译：Palo Borracho）凤梨科植物、仙人掌	干燥性疏林植被　可乐豆木　猴面包树	柚木　落叶树
独特动物群特征	鸟类繁多。犰狳　食蚁兽　候鸟	大型灵长类动物繁多。大型灵长类动物　地栖哺乳动物　大象　鮈鳍	鸟类繁多　巨蜥类

图5.1　在湿季，热带落叶林类似于热带雨林。本图是哥斯达黎加的帕洛弗迪　（作者提供）

新热带季雨林的起源

　　板块构造论和波动的海平面极大地影响了新热带森林的动植物（见

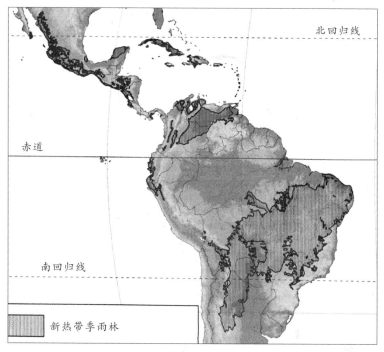

图5.2　新热带地区内季雨林的地理位置　（伯纳德·库恩尼克提供）

第三章）。在二叠纪晚期大陆连接在一起，是超级泛大陆。在泛大陆分开时，南美依然是冈瓦纳古大陆南部的一部分，还有非洲、印度、澳大利亚和南极。北美、欧洲和亚洲属于劳亚古大陆的北部。在1.5亿年前劳亚古大陆分裂，大西洋中脊形成之际，南美洲从非洲分裂，一直孤立存在了数千万年。中北美洲直到4000万年前才与欧洲分开，那时它们移向南美。移动的板块和变化的气候造成了海平面的波动和南北美之间通过路桥的周期性连接。这些显著地改变了动植物的生活状态，并导致许多动植物种类灭绝。1500万年前，安第斯山脉的隆起，极大地影响了南美亚区。

气　候

新热带季雨林的温度全年都较高。平均温度在73℉～80℉（23℃～

26℃）。降雨通常出现在夏季和秋季，全年降雨量在80英寸（约2000毫米）以下。这些地方在夏季经历较短的干季（1~2个月），在冬季经历较长的干季（2~6个月），几乎不降雨。干季持续月份在大西洋和太平洋沿岸变化不同。新热带区盛行的气团在两个半球都从海洋流向大陆。季雨林就处在背风面、火山和山脉的雨影区，或者是在大陆的内部。变化的热带辐合带在汇集季雨林降雨方面发挥了很大作用（见第二章）。在夏季，太阳和热带辐合带、增加的云量及强烈的降雨一起向亚热带前进。在冬季，随着热带辐合带离开，几乎没有降雨的副热带高压带形成。在中美洲，热带飓风带来很强的季节性降雨。水分可利用率的季节变化形成新热带区各种各样的季雨林类型。

在更新世的冰川和间冰期，热带季雨林扩展并收缩。有些研究人员认为，在干季，亚马孙雨林回到季雨林和稀树草原状态。当冰河期结束，热带雨林又扩展，使季雨林收缩，或片状化。

土 壤

新热带区的热带季雨林的土壤是多种多样的。在大部分地区，土壤往往非常古老，并且缺乏营养。在其他地区，土壤较年轻，并且较肥沃，这都是近期火山活动的结果。在南美区土壤的下面有世界上最古老的岩层。前寒武纪的圭亚那和巴西地盾以及这一地区的许多种土壤都反映了古老的历史。

新热带区的土壤被分成三个主要类型：氧化土、老成土和始成土。氧化土是深红或黄色的贫瘠土壤，占新热带区土壤的大约50%。它们主要分布在受前寒武纪基岩影响的地区。新热带区内其他风化的土壤是老成土。它们黏土含量高，潮湿时很滑，很容易受侵蚀。始成土出现在大河沿岸的冲积平原上或源于火山活动，往往较肥沃。许多始成土占主要地位的森林地区已经广泛地转化成农田。尽管降雨的季节性是影响这个群落的主要因素，但土壤类型可影响森林的结构和组成。在较贫瘠的土壤上，有更多耐旱的常青植被。而在肥沃的深层土壤中生长着苍翠繁茂的落叶林。当森林被转为他用时，土壤就会受到严重侵蚀。形成土壤的速度很慢，一旦土壤被破坏，这些热带土壤就很难恢复。

新热带区的植被

正如在其他区域一样，新热带季雨林群落也包括几种森林类型。在低地热带雨林周围，是半常青的和潮湿的落叶林。随着纬度上升，森林由较干燥的常青林占主导地位。在较干燥的亚热带地区或高海拔地区，荆棘林、橡树和松树林开始出现（见图5.3）。

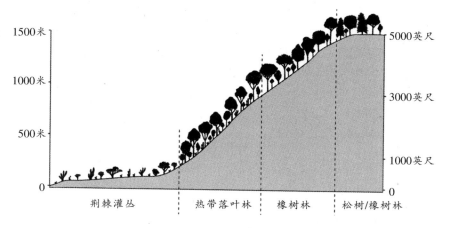

图5.3　中美洲热带季雨林从海岸到较高海拔的梯度分布　（杰夫·迪克逊提供）

森林结构

在新热带区，季雨林种类繁多。相较于热带雨林，大多数季雨林往往树身较矮，结构较简单。然而，季雨林结构的范围很大程度上取决于地形、土壤、干季的长度和强度。除了资源的季节可获性之外，森林结

图5.4　新热带季雨林中的森林结构　（杰夫·迪克逊提供）

构在形成各种小环境方面也发挥了作用。

　　在热带潮湿落叶林中，有结构复杂的四五层森林（见图5.4）。最高层由高50英尺（约15米）的排列稀疏的落叶林组成。下一层被大约40英尺（约12米）的各种树木占据。其中很多树叶宽大、树皮皱薄而光滑。藤本植物、棕榈树和一些仙人掌也能达到林冠层。藤蔓和藤本植物也很丰富。树木和藤本植物往往在干季开始之时就会开出引人注目的花，绝大多数树木和藤蔓的种子随风播撒。

　　在林冠层下面，是较高的灌木丛和树木高度大约为16英尺（约5米）的小树。这一层是林叶下层的最高层。下一层是4英尺（约1米）高的灌木丛。最低的那层是由接近地面的草本植物构成，它们只在夏天的雨季出现。一般来说，附生植物（除了仙人掌和凤梨科植物之外）在这些森林中很稀少甚至有些地方根本没有。

　　在旱地林中，林冠层高度较低，层数较少。林冠层上层的干燥常青林可达23英尺（约7米），低层13英尺（约3米）。木质藤本植物随着森林变干燥而增加。在林区，林叶下层可能浓密或稀疏，这要取决于森林。接地层也是各种各样的，尽管植被不那么多。

　　季雨林的地下生物总量很大，因为树木能长出巨大的根系，可以储存水和养分。大多数树木和藤蔓都有菌根关系，有助于养分和水吸收。尽管种类繁多，季雨林中的许多植物家族都在热带雨林中能寻觅到其踪影，其多样性大约占新热带雨林的50%。出人意料的是，旱地林区域的植物多样性比湿润森林增加很多。例如，墨西哥旱地林往往是新热带季雨林中种类最繁多的地区，主要因为它们独一无二的种类构成。豆科（蝶形花科）植物是到目前为止种类最丰富的植物家族，除了加勒比海地区（桃金娘科占主导地位）之外。新热带区的其他植物种类包括凌霄花（紫葳科）、咖啡树（茜草科）、大戟树（大戟科）、蜡烛科树（伏起科）、无患子属植物（无患子科）以及马槟榔属植物（白花菜科）。仙人掌（仙人掌科）和古柯（古柯科）在林下叶层很普遍，还有豆形霸王树（蒺藜科）和月桂树（白桂皮科）。地被植物在密闭林冠层中通常是稀疏的，有凤梨科植物（凤梨科）、菊科植物（菊科）、天南星科植物（天南星科）、锦葵（锦葵科）、马齿苋（马齿苋科）以及竹芋（竹芋科）等。植物种类的地方性可能很高，然而，在新热带区群落，没有特有的植物系或很少出现特有的植物属。

中美洲旱地林

中美洲旱地林包括热带落叶林、热带半落叶林和荆棘林。豆科植物在旱地林中种类最丰富。大戟科植物和桃金娘科植物是森林植物中重要的组成部分，还有草本和木本攀援藤蔓。牵牛花（番薯属）、仙人掌、无花果、豆科植物、凌霄花和薯蓣属（薯蓣科）植物都出现在这个地区。旱地林中少数的附生植物包括凤梨科植物、仙人掌和兰科植物。林冠层一般都是密闭的，林下层几乎没有什么植物。火灾在这样的森林中是很大的隐患，因为几乎所有的树都容易引起燃烧。许多树的树皮皱薄而易损，而不像和火灾一起演变而来的树木上的树皮皱那么厚。现在这些森林中只有不到2%的树木被保护起来。

安得列斯群岛的旱地林树身矮、品种少。中小型树木的密度很高，林冠平坦，没有露头树。这些树林都生长在沿海岸的石灰岩或很浅的石质土壤上，常常会经历大风和飓风的侵袭。但它们比大陆上的森林更容易从这些恶劣的环境中恢复过来。这些树往往是常青和硬叶。桃金娘科植物在这些岛屿上盛行，仙人掌、大戟科、马槟榔属、豆形霸王树等也很普遍。因为这些树木生长在岛屿上，因此很容易受人类开发、退林还田的影响。同时非本地物种的引进也威胁着这片森林的生存。

大乔科地区

大乔科地区是南美旱地林分布最广泛的区域。它位于南纬17°～33°，包括阿根廷北部和玻利维亚东南部部分地区，巴拉圭的60%的领土和巴西西南部一小部分地区。大乔科地区是马赛克式的植被，包括旱地林、热带雨林地、荆棘灌丛、棕榈热带稀树草原、草地、沼泽和盐碱滩。走廊林移植于河流和小溪沿岸。热带荆棘林是乔科地区的主要树种。热带荆棘林长满了浓密的南美食用仙人掌和豆科灌木林，林叶下层是刀形凤梨科植物和星状仙人球。这使得此地不适于大型哺乳动物（包括研究人员）生存。醉树（木棉科）是大乔科地区的大型常青树。它树干粗大，可储存水，以便在干季存活（见图5.5）。

乔科地区位于巴西地盾的边缘，在中生代和中生代早期（2.48亿年～5000万年前）因地壳运动而下沉。在那个时代，这一地区累积了上千万英尺厚的海洋和陆地沉积物。这些沉积物变成由沙土、淤泥和黄土（风积土）为主要成分的土壤。贝尔梅霍河和皮科马约河带来的沉积物使这块土地变得更加富饶。这一地区的平均温度为66℉～75℉（约19℃～24℃）。但在较温暖的月份，最高可达82℉（约28℃），在较寒冷的月份可低达54℉（约12℃）。年平均降雨量为10～47英寸（约250～1200毫米），干季可持续2～7个月。

森林的构成随着每年的降雨量和土壤类型的不同而变化。主要的植被是稀疏旱地林，有察哈树、帕洛巴罗切树、阿拉伯胶树、仙人掌以及漆树科等特有树种。仙人掌和凤梨科植物可在林叶下层找到。

大乔科地区孕育着种类极其繁多的动植物，包括一些当地特有的品

图5.5 乔科地区的帕洛巴罗切树，因为它能储存大量的水亦被称为"醉树" （杰夫·迪克逊提供）

种。它是大约500种鸟、150种哺乳动物、120种爬行动物以及100种两栖动物的家园。乔科也是三种特有的犰狳、八种特有的老鼠和一种啮齿动物的家园。小马拉是当地特有的大型的啮齿动物，类似于兔子和啮齿动物的杂交动物。它的头更像啮齿动物，耳朵很小，有很强壮的善于跳跃的后腿。大栉鼠是乔科中型的掘地啮齿动物。它与北美囊地鼠外貌和生活习性都类似，但个头［平均高度是15英寸（约38厘米）］更大些。草原西貒（1974年被重新发现）是乔科较大的陆生特有动物之一。这种野猪最初是根据化石描述出来的，并被认为已经灭绝。乔科还是美洲虎、美洲狮、大食蚁兽、貘和叶猴（新热带区唯一的叶猴）的家园。乔科的鸟类包括一个很大的不会飞的鸟——美洲鸵鸟、圭拉杜鹃、荆棘鸟等，它是许多南北美候鸟过冬的地方。

乔科的大部分地区已被毁坏，尤其在阿根廷。毁坏的原因包括清除森林做牧场、退林还田及修路等。我们还需要研究了解乔科的植物、动物和生态环境。一些地方已经受到保护，但还不足以保持乔科的生物融合性和多样性。

卡廷加群落

卡廷加是巴西东北部的一大片旱地林和矮树林，它为各种动植物提供栖息地。此地气候炎热干燥，干季长达6~11个月。平均年降雨量为10~40英寸（约250~1000毫米），平均温度为75℉~80℉（约24℃~27℃）。

卡廷加是世界上最富饶的旱地林之一。卡廷加的植被种类极其繁多，从低矮的灌木丛林［灌木林高3英尺（约0.9米），生长在沙土中］到高大树林［树高80~100英尺（约25~30米），生长在硝酸含盐量高的肥沃土壤中］（见图5.6）。佛肚树（木棉科）是长着粗大树干的高大树木，

图5.6 卡廷加矮树繁茂，其间散落着大树（由巴西累西腓联邦大学的安东尼奥·卡洛斯·德·巴罗斯提供)

超过其他植被，类似于大乔科地区的帕洛巴罗切树。尽管人们并不知晓卡廷加的植物，但是研究还是确认了各种与众不同的种类。卡廷加的生物种类由至少340种维管植物组成，其中30%是当地特有的。豆科植物、大戟科植物和仙人掌组成22~63英尺（约7~19米）的树冠，除此还有几种仙人掌、凤梨科植物、蝴蝶鼠尾草和紫葳科成员等一些独态的种类。脊椎动物的多样性相对来说很高，至少有80种哺乳动物、200种鸟及47种爬行动物和两栖动物。潮湿森林和塞拉多（与卡廷加接壤的地方）也有这些树种。卡廷加为世界上十种濒危鸟类中的两种提供栖息地。它们是李尔氏金刚鹦鹉和蓝色小鹦鹉。

人类在这片土地上已经生活了1万多年，但这里的人口密度不高。牧业在过去300年间一直是这里的主要经济活动，牛群在大草原上自由地游荡。至少在卡廷加50%的地方被彻底改变或有重大改变。长久的过度放牧导致了这一地区大规模的改变。木材砍伐、火灾的频发已经使卡廷加不断退化。近些年来，林地改种棉花，已导致某些地方的卡廷加群落接近毁灭。种植在这里的其他农作物有水稻、甘蔗、剑麻、古柯、玉米和豆类。卡廷加受到严重威胁，只有不到1%动植物在公园和自然保护区保护起来。

新热带季雨林的动物

季雨林的结构、栖息地和植物、花、果实及种子的丰富性和多样性为动物种类的繁多提供了资源。许多动物是根据季节活动的。大多数动物已经发展了适应策略来适应资源的季节性波动。脊椎动物可能是这个群落独有的或者说是来自附近雨林或草原的物种子集。较孤立的森林和片状森林物种并不多。大河附近或在潮湿的栖息地内的森林能够供养更大或更多样的种群。今天新热带区季雨林的动物是数百万年地质、气候和生物衍变累积的结果。

哺乳动物

　　热带季雨林群落中栖息的动物数量仅次于热带雨林，比其他群落都多。新热带区的季雨林包括一个混合的动物科，它在南北美洲进化，而其他的动物起源于非洲。这些季雨林中的哺乳动物包括有袋目和有胎盘哺乳动物，它们代表了陆生哺乳动物的许多目和科（见表5.2）。这些包括负鼠、食蚁兽、犰狳、树懒、猴子、啮齿目、有蹄类动物、食肉动物以及无数蝙蝠种类。

　　新热带区中有袋目动物都是负鼠。负鼠科动物只生活在美洲，其中一种在北美，其他大约70种在中南美洲。那些在季雨林中出现的包括普通负鼠、棉毛负鼠、黑肩负鼠、雅负鼠、短尾负鼠及四眼负鼠。三只脚指头的树懒在季雨林中可以找到，但是它们的种群数量却因森林破碎化而在下降。季雨林中也有食虫的食蚁兽和犰狳。它们主要以白蚁类和蚂蚁为食。大食蚁兽在森林地面上游荡，小食蚁兽捕猎树林中的蚂蚁。大食蚁兽在干季时改变饮食喜好，享用白蚁而不是蚂蚁，因为它们水分多。许多犰狳种类栖息于这些森林中，包括较大的多毛犰狳、裸尾犰狳、九纹和六纹犰狳还有三种长鼻犰狳。查科是三种当地特有犰狳的家园。犰狳专门吃蚂蚁、白蚁和其他森林昆虫。干季时它们也要改变饮食习惯，以白蚁为食。

　　世界各地都有蝙蝠，新热带区的季雨林包含种类繁多的蝙蝠。蝙蝠是季雨林中数量最多的哺乳动物。所有新热带区的蝙蝠都属于小亚目蝙蝠。这些蝙蝠利用回波定位去确定猎物的位置。常见的蝙蝠家族出现在季雨林，其中包括鞘尾蝠、果蝠、棕蝙蝠、吸血蝙蝠和皱鼻蝙蝠。蝙蝠是食果动物、食蜜动物、食肉动物、食昆虫动物、吸血动物和杂食动物。在季雨林中，蝙蝠在调节昆虫种群和为花授粉中起着关键的作用。

　　相较于热带雨林，季雨林中的灵长类动物较少，因为它们的主要食物由树叶和果实组成，而这些只能季节性地获得。鬃毛吼猴和卷尾猴是

表5.2　新热带季雨林中的哺乳动物

目	科	常用名
有袋目		
负鼠目	负鼠科	负鼠
有胎盘东都(珍兽亚纲)		
偶蹄目	鹿科	鹿
	西猯科	野猪
食肉目	犬科	灰狐、小狼
	猫科	美洲狮、豹猫和小猫
	鼬科	鼬鼠、灰鼬鼠、臭鼠
	浣熊科	浣熊
	熊科	黑熊
有袋下目	犰狳科	犰狳
翼手目	吸血蝠科	吸血蝙蝠
	鞘尾蝠科	鞘尾蝠
	假吸血蝠科	假吸血蝠
	犬吻蝠科	皱鼻蝠
	髯蝠科	鬼脸蝙蝠
	长腿蝠科	长腿蝙蝠
	兔唇蝠科	牛头犬蝙蝠
	叶口蝠科	叶鼻蝠
	盘翼蝠科	盘翼蝙蝠
	蝙蝠科	蝙蝠
兔形目	兔科	兔子
披毛目	食蚁兽科	食蚁兽
	树懒科	三趾树懒
	二趾树懒科	二趾树懒
灵长目	青猴科	叶猴
	蜘蛛猴科	吼猴
	卷尾猴科	卷尾猴
	僧面猴科	伶猴、粗尾猴
啮齿目	兔豚鼠科	无尾刺豚鼠
	豚鼠科	豚鼠
	仓鼠科	林鼠
	刺豚鼠科	刺鼠
	棘鼠科	棘鼠
	美洲豪猪科	美洲豪猪
	异鼠科	小囊鼠
	水豚科	水豚
	囊鼠科	囊鼠
	鼠科	欧洲鼠
	松鼠科	松鼠
鼩形目	鼩鼱科	鼩鼱

图5.7　美洲中部季雨林中白脸卷尾猴非常普遍　（汤姆斯·小菲利普.M.D摄于哥斯达黎加）

这个地区最常见的（见图5.7）。松鼠猴在这个地区也有存在，但是它们在干旱森林的数量正在下降。黑尾银绒猴和叶猴居住在南美的季雨林中。季雨林中的猴子通常在水果和叶子不丰富的干燥季节撤退到附近的河岸地区。

貘是在新热带中唯一的奇蹄有蹄类哺乳动物（奇蹄目）。随着不断的猎杀和森林的迅速被破坏，它们的数量有所下降。偶蹄的蹄类哺乳动物（偶蹄目）是由两科为代表的：野猪和鹿。野猪是中等大小像家猪一样的动物，它们大都白天活动并以水果、坚果、叶子、蜗牛和其他的小动物为食物。世界上只有三种野猪的物种存在并都在新热带的季雨林中被发现。颈锁猪和白唇猪分布在中美和南美，一直延伸到阿根廷（见图5.8）。第三种物种是分布在玻利维亚和西巴拉圭的查科野猪。这种动物

被认为已经灭绝了，但又在20世纪70年代被发现。灰棕雄赤鹿和白尾鹿
在干燥的森林中存在。它们是食草动物，以旱地森林中的新叶子、嫩芽
和花为食。灰棕雄赤鹿是局限在南美洲的隐居动物。白尾鹿在北美洲和
中美洲一直向南到玻利维亚都很普遍。

　　啮齿动物在新热带森林中非常丰富。由于地理位置不同，松鼠的皮
毛颜色和外形有很大差异。在季雨林中所有的松鼠都是白天活动的树栖
动物。它们以水果、坚果、花朵、树皮、菌类和一些昆虫为食）。其他
的啮齿动物，如衣囊鼠和刺袋鼠在南美被发现。在新热带森林中，栖息
在树上的动物有墨西哥鹿鼠、米鼠、白足鼠、小树鼠、茎鼠和攀鼠。它
们生活在多种多样的生态环境中，以水果、植物、菌类和无脊椎动物为
食。一些田鼠和老鼠都要储存它们的食物，以便在干燥季节在森林中生
存。在这些旱地森林中存在着卷尾豪猪和像天竺鼠样的啮齿目动物，例
如刺鼠、无尾刺豚鼠和长耳豚鼠。长耳豚鼠局限在南美干燥的森林带，

图5.8　森林中游走的领西猯通常三五成群地活动　（作者摄于哥斯达黎加的瓜纳卡
斯特）

而刺鼠则分布在这个地区的各个部分。

五种食肉动物科中的四种都能在新热带地区被找到。它们包括狗、浣熊、鼬鼠和猫科动物。热带食肉动物现在开始倾向食草，它们主要以昆虫、水果、树叶和脊椎动物为食。在这个生物群落的南部地区，我们能够找到南美狐狸和鬃狼。浣熊、长鼻浣熊和圆尾猫是在旱地森林中的中等体型的食肉动物；蓬尾浣熊（与圆尾猫相似）生活在热带雨林中并当食物丰富的时候迁徙到阔叶森林地带。这些食肉动物吃甲虫、蜘蛛、蝎子、蚂蚁、白蚁、蛆、蜈蚣、卵甚至是大陆蟹和水果。它们偶然也吃一些脊椎动物，例如老鼠、蜥蜴和青蛙。

在地表层，长尾鼬鼠、灰鼬鼠、臭鼬和猪鼻臭鼬等逡巡觅食。它们长有浓密的毛（极其珍贵），并能咬伤比它们大的猎物。长尾鼬鼠常见于北美，其分布延伸至中美洲和南美洲，直到玻利维亚。灰鼬鼠和白头鼬都生长在中美洲和南美洲。

小型猫科动物如北美山猫、虎猫、豹猫、大型美洲狮和美洲豹也生活在这个区域，至少会在猎物丰富的时候迁徙过来。以上物种遍布从中美洲到南美洲的广大区域，美洲狮的踪迹向北会延伸至墨西哥和美国。多数物种均为夜间活动。

鸟　类

在干季森林中鸟类物种的丰富性要比潮湿的热带雨林低。在新热带季雨林中所发现的鸟类物种（635种）的整体数量和低地雨林区域的物种数量相似。季雨林中当地的特有分布超过了热带雨林，几乎有90%限制在这些特有物种中。许多鸟类生活在季雨林的某一区域，且很少遍布整个区域。有多达300个物种将季雨林作为它们常年的栖息地。而在单独的一个区域中，大约60~80个物种把森林作为它们主要的栖息地。

在花和水果充足的时候，许多鸟类把森林作为干季的开始。在冬季，北美和南美的高纬度物种迁徙到这片森林中。许多候鸟，例如鸣禽、绿鹃、黄喉地莺、捕蝇鸟和山雀在墨西哥西部的旱地森林中度过冬天，至少有109种候鸟在中美洲的亚地区被找到。

喷䴕科鸟、翠鸟和嗡䴕鸟是新热带森林中所特有的食虫鸟类。在新热带森林中所特有的食小型昆虫的有蚁鸟、捕蝇鸟、食虫鸣禽、啄木鸟、旋木雀、鹟鹩和绿鹃。这些鸟利用不同的地面层、森林次冠叶层和树冠层，再加上不同的植物和植物的某些部分（树皮、树枝、叶子底层等）做窝繁殖。蚁鸟每天晚上离开鸟群并在第二天早上回来。现在我们正在调查研究以发现蚁鸟是如何每天重新找到移动的鸟群的。

蜂鸟局限在美洲。它们是不同大小、不同色彩的吸蜜性鸟类。这能够让每一物种在不同种类的花上吸食花蜜。在花开季节的湿季和干燥季节结束之时的季雨林中，这些鸟能够被找到。鹦鹉、长尾鹦鹉和金刚鹦鹉是森林中色彩鲜艳的水果和种子的食用者。

新热带季雨林中还包括许多地面鸟类，有陆生布谷鸟、凤冠鸟、冠雉鸟、红嘴凤冠雉、鹬鸵鸟和鸽子（见图5.9）。它们的食物包括小的爬行动物和昆虫，还有在森林地面上的水果。

新热带旱地森林也包括一些食肉鸟类。白天出现的鸟类有鹰、鹰雕和在河流与水道活动的不同种类的猎鹰和鸢。猫头鹰是森林中夜间出没的猎手。秃鹫是食腐肉动物。在哥斯达黎加西北部，黑头秃鹫经常成群地栖息在岩石边或者干旱森林中寻找食物。

森林中的树木为许多鸟类提供了栖息地和构筑巢穴的材料。它们也是捕猎昆虫和其他猎物的最佳场所。在季雨林中，一种鸟构筑了悬挂时间很长的巢。这些巢穴能够使蛇远离它们的雏鸟。在非洲的干旱森林中织鸟也能构筑相似的巢。

新热带鸟类，在形状、大小、颜色、行为和喂养特点方面都有所不同。这种外表和生活方式的多样性使许多物种能够在季雨林中生存。

一些地方所特有的物种被限制在季雨林中的小区域中。其他的物种只是临时的来访者，还有一些在世界各地均有分布。

图5.9 在森林边缘的树中所发现的冠雉 （作者提供）

爬行动物和两栖动物

蛇、龟、蜥蜴、鳄鱼、蛙和蟾蜍是栖居于新热带季雨林中的爬行动物和两栖动物。在与长期干燥季节的对抗中，一些物种在干燥季节居住在地下洞穴中保持睡眠状态。有毒的响尾蛇、银环蛇、蟒蛇和其他无毒的蛇在这个区域都可以被发现。响尾蛇，世界上最致命的蛇，分布在北美洲到中美洲和南美洲。响尾蛇在鼻孔和眼睛之间有凹陷的感觉器官，用来感知温血的猎物，大多数是小的哺乳动物和鸟类。它们有锋利针状的牙齿，可以吐出致命剂量的毒药，而且能影响血液组织或神经系统。热带美洲的矛头蛇，属于最剧毒的响尾蛇，在季雨林和雨林中被发现。

其他的响尾蛇，包括森林响尾蛇、掌状响尾蛇（也称作扁斑奎蛇）和猪鼻蛇。响尾蛇在墨西哥及中美洲的旱地森林和灌木地带被发现。蟒蛇是新热带森林中无毒蛇中的一个大群体。在这个区域它们也被称为蟒。蟒蛇躯体修长，头颅宽而长，鼻子突出。它们通过攻击和咬食来捕获其他猎物，通过盘绕在其他动物身上，紧紧地抓住它们直到使猎物窒息而死。

在新热带区季雨林里，包括蜥蜴、壁虎、龟和甲鱼在内的爬行动物。大蜥蜴是遍及新热带森林的一种普通蜥蜴（见图5.10），也是栖居在热带较大的蜥蜴之一。它们小的时候身体呈现浅绿棕色，但成年后变成深棕色。雄性的大蜥蜴随着季节改变颜色。在干燥季节当交配开始的时候，颜色变得更明亮。它们是无毒的，小的时候以昆虫为食，长大了以多数水果和树叶为食。大蜥蜴居住在树上或是森林的地面上。变色龙是蜥蜴的另外一种。它们擅于爬树并能够在高高的树上栖息。它们也居住

图5.10　美洲热带落叶林的树木和地面上的鬣蜥蜴（作者摄于哥斯达黎加的瓜纳卡斯特）

在森林地面上，大部分吃昆虫。非洲鳄和美洲鳄都可以在沿着季雨林河岸活动。美洲鳄经常在墨西哥南部到阿根廷北部地方活动。美国的鳄鱼只在美国中部地区和加勒比海地区。这些爬行动物都是这个区域的濒危动物。

新热带地区的两栖动物属于三个目：蝾螈和水蜥、蚓螈，数量很多的蛙和蟾蜍。在季雨林里，两栖动物物种并不丰富，因为它们需要水才能繁殖，而且要在池塘或河流里产卵。这个地区也有一些蛙和蟾蜍的物种。大型的新热带区蛙类家庭成员包括考奇蛙、角蛙和挖洞蛙。这些蛙栖息在树上和灌木丛中，或者在森林地面干草叶子上。有些蛙类的卵会直接成蛙，也就是说，越过蝌蚪阶段，幼体直接在卵中完全演变为成蛙。姬蛙栖息在美国南部至阿根廷的美洲地区，也会出现在世界上其他的热带地区。姬蛙可分为树栖蛙和穴居蛙，干季时会进入休眠状态。蟾蜍在季雨林中也常见。

许多脊椎动物从身体上和行为上展现出栖居在季雨林的适应力。鸟类和吸蜜性蝙蝠季节性迁徙，并在森林内外的几百英里范围内活动。其他物种在干燥季节也许移居到更高海拔区域和其他栖息地。一些两栖动物和爬行动物在干燥季节变得不太活跃，挖地洞躲藏在森林的土壤中。在一些哺乳动物和鸟类物种中，它们在饮食上的转变已经被记录下来。有许多哺乳动物，例如刺袋鼠和刺豚鼠，它们储存了大量食物作为它们在干燥季节用来生存的食物。在潮湿和获食方面的局限性导致脊椎动物中不同的生存战略。通过采纳这些策略，脊椎动物在热带雨林中的繁衍才保持丰富、多样。

昆虫和其他无脊椎动物

新热带地区是无数昆虫和其他无脊椎动物的家园。它们扮演着维持热带雨林作为传粉昆虫和分解体的重要角色，它们提供基本的营养给无数栖居于森林中的动物。节肢动物的数量随着季节的变化而变化，它们

森林警卫

几种蚂蚁与新热带植物建立了共生关系。阿兹特克蚂蚁与古比天蚕树建立了共生的关系，保护树木以防食草动物侵害，同时能消耗掉树木成长过程中的根瘤结核。金合欢蚂蚁顽强地清理它们赖以生存的、金合欢树的周围地方，并迅速除去在邻近地区生根发芽的任何植物。另外的蚂蚁将会保卫它们的寄主树以防食草动物侵害。仍然有些蚂蚁居住在金合欢树里，但是不会提供任何益处，仅仅是利用树木的资源。

大部分生长在湿季的早期和中期，很少有一部分出现在干季。昆虫能够成为这个旱地森林植被中最显著的食草动物。在这个热带季雨林里的实际昆虫多样性无法预知。

蚂蚁在破坏与回收有机物方面起到重要的作用。切叶蚂蚁属于真菌生长蚂蚁的一组，出现在热带地区（见第三章）。行军蚁是雨林里一群重要的捕食者。行军蚁是一个具有蚁后、兵蚁和工蚁的社会群体。一个群体就有蚂蚁一百多万只，并且训练捕食它们猎杀的食物，再带回临时的巢里。它们是游牧的，在地面或者树中闲逛。它们不断地迁移，只在它们的生殖周期时才停留在地下的巢穴或者中空的圆木里。大的子弹型蚂蚁在热带季雨林里很常见，它们的长度大约为1英寸长（约25毫米），它们居住在树底或者树洞里。

白蚁是季雨林分解和循环的重要角色，在干燥的季节，它们也是一些哺乳动物如鸟类和爬行动物不可缺少的食物来源。白蚁是生活在大群体中的社交动物，在树洞、残端或者土壤表面活动（见图5.11）。（第三章提供了详细的白蚁画面）

新热带区的蝴蝶和飞蛾具有很高的多样性。在新热带区居住的一些家族，大多数种群，以及几乎所有物种都具有地方性。新热带区的蝴蝶家族包括色彩明亮的燕尾蝶、白蝴蝶和蓝蝴蝶。仙女蝶是另一种具有高度多样性，且物种丰富的蝴蝶。飞蛾是不为人熟知的，热带飞蛾的幼虫

图 5.11　白蚁在热带落叶林的树上筑巢以避免雨季地面上的洪水　（作者提供）

通常是食草者，但是一些是潜叶虫、水稻螟或者是果实和种子的消费者。

　　新热带地区拥有多种多样的昆虫。众多的甲虫物种在这个地方存在。它们当中的一些色彩鲜明，另一些没有什么特点。一些常见的森林甲虫包括长角甲虫、粪和腐尸甲虫、丑角甲虫、真菌甲虫，以及钻木金属甲虫。蟑螂是另一种森林常见的分解者。潮湿的季节，蚊子在许多季雨林里是很常见的。但是谢天谢地，大多数在干燥些的季节里就会消失。一些蚊子可能携带疾病夹杂在其他蚊子间，例如疟疾、黄热病、登革热等。一旦森林被清除，携带疾病的蚊子将会给定居在这个地区的人类带来严重问题。

　　蜘蛛、鞭蝎子、蝎子、蜈蚣在新热带旱地森林地带是常见的。球蜘蛛构建坚韧的蛛网，蚂蚁蜘蛛冒充蚂蚁，社交蜘蛛构建大网给猎物设陷阱。凤梨蜘蛛居住在陆地和树上的凤梨科植物之中，且在这些森林中很丰富。蝎子在干燥的森林中很普遍，它们的刺有毒，但是很少对大型的脊椎动物有致命伤害。鞭蝎子是另外一种在季雨林中发现的蛛形纲动物。蜈蚣是普通的夜间活动的食肉动物。它们有强有力的下颌可以咬伤猎物。它们也可以用有毒物质来制服它们的猎物。

新热带区中的季雨林多种多样，并且充当不可缺的生态角色来保持热带地区的生物多样性。然而，这种巨大的物种多样性随着这些森林连续被降级和破坏处于严重的危险中。这种破坏会导致这个生物群落中数以百计的植物、动物和其他依赖这些森林生存的物种的灭绝。

人类对新热带季雨林的影响

过去的20年间的遥感影像表明，热带阔叶落叶森林经历了迅速的变化。由于地区本身和勘探的方法不同，森林砍伐的数目也不一样。在玻利维亚和巴西，估计阔叶落叶林的破坏率处在世界最高的行列中（大概每年为6％）。在中美洲将近80％的季雨林也消失了。在季雨林中所经历的森林砍伐的一些主要的原因在第四章已经讨论。新热带季雨林正在被转化为牧场或农业用地。小型或大型的牧场经营，再加上大豆、甘蔗和棕榈树正在迅速地替代季雨林、养牛场的扩大，造成了墨西哥季雨林的极大破坏。在哥斯达黎加、巴西、玻利维亚，低价格牛肉的国际需求的增加和农业补贴，已经导致了农场的大规模经营。原木提取物和小规模农业转变的增加也促进了森林的破坏。人口的增加已经导致了城市的扩张和公路建设向森林蔓延，更甚者是分裂了森林。

南美的野生动物交易造成了每年大量动物的丧失。由于将这些动物的皮、肉或者拿它们进行交易，所以美洲豹、野猪等几种动物被大量地捕猎。许多野猫和狐狸，还有长尾小鹦鹉、金刚鹦鹉、鬣蜥都被合法或者非法地交易。

大规模的保护仅仅关注了热带雨林而忽视了热带季雨林的失去。在美国中部、委内瑞拉和玻利维亚这些地方，许多干旱森林已经消失了，在墨西哥的这些森林也被严重地腐蚀了。墨西哥、哥斯达黎加和查科平原为保护剩下的季雨林而进行着大规模的努力。陆地的保护对物种的存在是必不可少的。使用当地的物种进行重新植林已经取得了一些成功。为了当地的经济而创造保护地区和发展持续有益的土地使用，将会是保护位于热带地区季雨林的关键所在。

非洲热带季雨林

关于热带季雨林生物群落的解释，非洲人认为它包括阔叶落叶林、常绿干旱林以及位于海拔3200英尺（约1000米）以上，一般出现在北半球北纬6°~13°的区域和南半球南纬5°~20°区域的林地（见图5.12）。北部或苏丹的分区沿着西非雨林的东部边界和东非刚果雨林的北部边界而

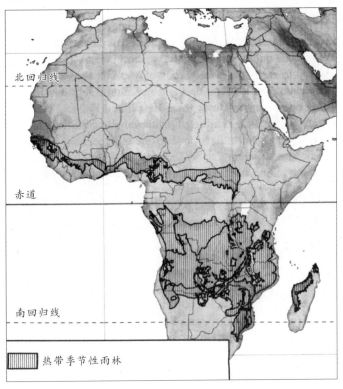

图5.12　非洲的热带季雨林的区域　（伯纳德·库恩尼克提供）

存在。苏丹分区被严重地影响了，只有很少的残余森林被发现分布于无树草原上。南部的或赞比亚分区范围较大，它们分布在沿着刚果雨林的南部边界。在赞比亚地区，尽管人类对林地的使用快速增加，但大面积的完整区域仍然保留着。热带干旱森林的碎片也发生在东非的海岸边，从索马里沿着肯尼亚共和国、坦桑尼亚、马拉维和莫桑比克的海岸边的末端延伸到津巴布韦。干旱森林的碎片存在于几内亚海湾和马达加斯加西部海岸的佛得角岛屿。

非洲季雨林的起源

非洲季雨林的起源同第二章和第三章讨论的非洲热带雨林相似。在这个区域下面存在着前寒武纪基石。地壳构造事件和严重的气候变化已经影响到当前这些森林的分布。当雨林在35万年前至10万年前达到最大范围时，季雨林就会变得更小。在这段时间，非洲大陆已经永久地和亚洲大陆相连（大约20万年前）。这些大陆块形成干燥的内陆地区，并且随季雨林的扩大和雨林受限制而产生一个更冷、更干燥的季节性的气候。大约在250万年前的更新世早期，伴随着发生变化的冰洋和冰河，全球气候开始变得凉爽。这种季节性气候限制了雨林并且再一次扩大了季雨林。随着大约18000年前的大规模冰河扩大，冰河循环又在更新世开始。

气候环境

通常热带季雨林气候都会出现一个明显的长达2至7个月的干旱期。在非洲的季雨林里，旱季的降雨量平均值每月小于4英寸（约100毫米）。在剩下的一年里，降雨量升高，达到30~60英寸（约750~1500毫米）或更多。总的降水量和干旱季节的持续时间是季雨林类型的主要决定性因素。在一些地区，降雨会更大，特别是在高海拔的迎风面。雨季发生在夏季和秋季，阴凉干燥的冬天和干热季的春天之后。气温比较高，平均最低限度在68℉~72℉（约20℃~22℃），平均最高气温为82℉~92℉（约28℃~33℃）。这些地区没有下过霜。

严重影响了非洲的季雨林全球环流模式正在转移到热带辐合带(ITCZ)。在非洲，一个西南印度洋流动来的海洋气团遇到相反的来自东北部沙漠的热而干燥的大陆气团。在两者相遇的地方是一个不稳定的高降雨量区域。这些气团随着热带辐合带从北到南季节性移动，从1月北纬5°~7°到7月的南纬17°~21°。这些气流运动证明了在热带非洲的季节性降雨分布。从12月到3月份，在北半球旱季，被称为风蚀的炎热干燥的风，从撒哈拉沙漠吹来，到达非洲西部。南半球常年有来自埃塞俄比亚高地的温暖干燥的风袭来。

土壤条件

非洲区域的土壤不同。在一些地区，土壤往往非常古老且养分贫瘠，起源于古基岩的寒武纪地壳。其他土壤类型包括红壤和较肥沃的淋溶土和始成土。一般情况下，季雨林在土壤中因低营养和矿物质而不肥沃。这是由于上百万年长期的热量和水分驱动过程，以及几个世纪以来的燃烧而形成的。火灾附近的草原已极大地影响了这些森林景观及土壤。虽然季雨林不利于防火，而这失控且频繁的燃烧已经改变了干旱森林及草原的许多地区。

植被状况

热带季雨林在非洲多为半常绿林或落叶林，常绿干旱森林或林地，这里拥有至少70%的连绵不断的树木覆盖的林地，每年有多于3个月的干旱季节。在每一个植被类型中，树木的浓密度和森林次冠层叶簇都有所不同。尽管非洲的季雨林的面积在下降，但是它还是覆盖了整个大陆地区的12%。季雨林的树木矮小，更开放，并且北部的物种没有南部的丰富。在非洲东部海岸森林，那里的森林在旱季更容易遭受火灾，而且更容易被点燃，燃烧提供了可用耕地，而且在非洲东部有更多的季雨林已经为农业生产而开垦，其余的小块土地是由稀树草原森林地、沿海灌丛或农田，形成一个真实的岛形矩阵。

森林结构　非洲热带季雨林的结构与新热带森林不同。森林地区中的木本植物有3层，在半常绿和阔叶林中，上层是由高达82英尺（约25米）的树形成的封闭式树冠。藤本植物可以生长达到这一层。下面是松散树木层，高度达到30～50英尺（约10～15米）。林下是由灌木和藤蔓组成的浓密层。耐荫草种夹杂在森林地面上的落叶中零星生长，北部地区典型的物种是由豆科植物、乌木和无患子植物组成。南部地区相同的树木的种类不仅包括以上物种群，还包括桃花心木和可可树、李子树物种群落。

在非洲大陆，长时间强降雨和长时间干旱季节交替变化，所以落叶的凋零、开花结果都有所不同。大多数的落叶发生于干旱季节的开始阶段，而和主要的结果实的阶段同时发生，个别的树木不会一次性脱落掉叶子，但也不会和所有的树木一同脱落。

这个地区经常有些特殊的树木类型，但是它们在物种结构和优势方面是不同的。西非的多树草原分区是由落叶树组成的干旱林地，其中有高为15～20英尺（约4.5～6米）的金合欢树和高度为50英尺（约15米）的猴面包树（见图5.13）。和新热带地区的猴面包树一样，这里的猴面包树也有粗壮的树干。

赞比亚旱地森林存在于赞比亚地区。这些常青林位于卡波姆河附近。这些森林位于刚果和赞比亚林地的热带雨林之间并构成了赤道之外的常青林的大部分区域。这个地区拥有了热带雨林和林地无树平原的丰富物种。森林生长在贫瘠的、表面永久无水的卡拉哈里沙漠。正因为如此，这些旱地森林无人居住。

森林被当地称作"马云达"的豆科植物所覆盖。树冠层高达50～60英尺（约15～18米），下冠层大约25英尺（约8米）以及林下灌木层。

图5.13 非洲旱地森林结构 （杰夫·迪克逊提供）

森林的地面经常被苔藓覆盖。大象、水牛、羚羊和红河猪生活在这些森林。鸟类有很多种，包括杜鹃、燕卷尾、京燕和织布鸟。由于交通不便和土地贫瘠，大部分森林未受干扰。

坦桑尼亚林地　坦桑尼亚林地位于非洲次撒哈拉地区，并覆盖中非南部的国家，坦桑尼亚、布隆迪、刚果共和国、安哥拉、赞比亚和马拉维。坦桑尼亚林地与其他的非洲无树平原、林地和森林不同，这一地区的主要树种是豆科家族，苏木亚科，尤其是林木属树木。在林地中的树冠层高度可达15~33英尺（约5~10米），只有草而没有灌木丛覆盖地面（见图5.14）。草层可生长到6.5英尺（约2米）高。林地中有草原和茂密的森林。大多数的林地树木在旱季末期落叶，树木光秃时间很短，一般少于3个月。在雨季到来的几个星期到一个月前，树木再次长出亮红色或嫩绿色的新枝叶。大部分的林地树木的花卉，都在这同一时期，即在下雨之前绽放。火灾是林地的一个严重的问题。强烈的季节性变化使植被干旱几个月。在雨季开始时，雷雨能够轻易使植物着火。人们为了农业转型或扩大牧场，抑或是在捕食期间为了驱逐动物，坦桑尼亚林地经常被火烧毁。

　　总的来说，坦桑尼亚林地虽然物种多样，但还不够丰富。这些林地中的许多动植物也居住在热带无树平原和雨林中。在这些林地中有超过170种不同的哺乳动物，包括5种常见的小物种，如攀爬鼠和坦桑尼亚麝猫。大象和野牛以数量丰富的劣质饲料为生。它们可以吃大量营养不丰富的食物。这里还生存着其他的大型哺乳动物，如斑马、紫貂羚羊、罗安羚羊和李奇登斯坦大羚羊。位于西北边境的坦桑尼亚林地的中央，黑猩猩也出现在贡贝国家公园，众所周知这里是珍·古道尔长期研究濒危黑猩猩的地方。该地区也有红髯猴、黑白髯猴、蓝髯猴、红尾猴、长尾黑颚猴和狒狒，还有依靠蚂蚁和白蚁生活的地面穿山甲和土豚。

　　坦桑尼亚林地的其他大型哺乳动物包括狮子、豹子、猎豹、非洲野狗、豺狼、斑点鬣狗。小型食肉动物包括山猫、狞獚和坦桑尼亚麝猫。鸟类多种多样，但不具备很多地方性特点。典型的坦桑尼亚林地物种包

　　图5.14　坦桑尼亚林地是非洲东部干旱森林中的一种特殊类型　（作者摄于坦桑尼亚的里瓦莱）

括旱地灰山雀，坦桑尼亚白背矶鸫，伯姆捕蝇草。两栖爬行动物种类相当丰富，还有一当地的青蛙和蛇，包括安哥拉花斑蛙、威拉森林的树蛙、地方特有的蛇、小林的角蟾。在旱地林地中，无脊椎动物（特别是白蚁和毛虫）是重要的生态管理者，它们能消除的生物量可能比大型哺乳动物还要多。白蚁到处都有，能在林地地区产生巨大的土堆。这些土堆改变了土壤性质，能在贫瘠的地方生产出富含营养物质和有机质的土地。

在一些地区，如安哥拉林地，在内战时期，较少的人口数量和比例较高的农村人口向提供安全保障的城市迁移，因此留下了大片不受人类定居影响的栖息地。虽然动物仍然处于被狩猎的威胁，但是植物的多样性是相对保存完好的。在赞比亚中部的林地中，人口密度过高已导致大多数林地退化。丛林狩猎，旱作农业，大城镇附近的森林木炭生产和采矿也加剧了威胁。

由于长期内战，一些包括林地的保护区事实上已经被放弃。它们已经对狩猎者、人类定居者和耕种开放。在整个安哥拉和刚果民主共和国，战争对动物的影响是灾难性的，几乎没有任何存活的大型哺乳动物的物种幸存下来，而在坦桑尼亚和赞比亚的一些地方的林地，则受到了更好的保护。

可乐豆木林地　可乐豆木林地在非洲东部低洼地区非常普遍。那里的土壤是来自前寒武纪基底岩石以及火山岩和沉积岩。这些林地主要分布在低海拔的缓坡或河谷的底部。主要树种是能够密集成林的可乐豆木。其他的树种包括黑檀、铅木、刺槐和猴面包树。地被层由于土壤和水分含量不同，可能会生长出茂密的灌木或是厚实的蒿草。可乐豆木能够为非洲象提供食物和遮蔽，因此在可乐豆木林地中经常能发现非洲象。大象是决定植被外形的一个重要因素，火是另外一个。放牧和农业使许多林地退化。几乎没有处于受保护状态的可乐豆木林地。除了政府保护区、私人禁猎区、自然保护区和保留地，东非国家继续提供一些保护季雨林植物和动物方面的措施。

马达加斯加旱地林 干燥落叶林存在于马达加斯加西部，在其北部有个小残林，超过3330英尺（约1000米）。这些森林是世界上最独特的森林。它们在特有植物和动物物种、种类和科的等级方面是很高的。这些森林生长在肉质灌木的西南和半湿润森林的北部和东部。豆科植物、小号葡萄、无患子、漆树和无花果是很好的代表。在藤本灌木层中，来自马利筋家族的物种是常见的藤本植物。这些森林中独特的植物包括有7个特有物种的猴面包树（非洲只有1种）。在岛上的旱地林中，也出现了马达加斯加岛的棕榈树和黑檀，以及开满明亮的橙色和红色花的树木。

在马达加斯加的季雨林里也发现了一些当地所特有的动物。安哥洛卡象龟是世界上10种最濒危的动物之一，它们存活于马达加斯加岛的旱地森林中。不幸的是，由于长期猎杀这些动物，日益增加的森林分割和火灾，它们处于极度濒危中，大约只有1000只幸存下来。这些旱地林也是特有的8种狐猴的栖息地。狐猴对森林的再生至关重要，因为它们是重要的种子传播者。一些流行的小鼠和大鼠，包括森林的小鼠，西部森林的大鼠、跳大鼠（像兔子大小）居住在这些旱地森林中。

据估计，马达加斯加97%的旱地森林已被摧毁或者因火灾和砍伐森林而发生严重改变，转变为农业和牲畜的牧场。森林树木已被用作木柴、木炭的生产和建设。其余的大部分森林由于接近热带大草原，那里发生不加控制的燃烧，很容易退化。人口的增加和侵蚀继续威胁马达加斯加旱地林最后剩下的森林碎片。在马达加斯加政府、传统领袖和地方组织的合作下，已建立了公园和保护区，试图保护岛上最后剩下的旱地林。

佛得角群岛 佛得角群岛位于大西洋中部，离塞内加尔西海岸约300英里（约480千米）。它们是在火山起源地上的一小片的旱地林，旱地林里仍保留有一部分特有物种。在该群岛，旱季发生在12月和7月之间，还有一个短的雨季从8月到11月。佛得角群岛是15个特有物种的蜥蜴的栖息地，包括巨型蜥蜴、巨型壁虎、南石蜥属蜥蜴、蜥虎属蜥蜴和壁虎。

非洲季雨林中的动物

非洲季雨林不仅物种丰富，而且很有特色。例如，东非沿海森林为大约50种哺乳动物，200种鸟类，1000～1500种高等植物提供了栖息地。这些季雨林的生物类别多样丰富，不仅有自己的特色物种，还有热带雨林和热带草原上的物种。不像雨林，旱地林（除了马达加斯加）没有很多具有地方特色的物种。因为这些地区的很多物种是难以见到的，它们的范围和生态环境也鲜为人知。

哺乳动物 非洲季雨林的哺乳动物包括在热带稀树草原或热带雨林中发现的混合家族。当食物充足的时候，许多哺乳动物就会在季雨林度过一段时间，干旱的时候，它们就会撤退到河岸边和雨林。南方季雨林与附近的热带稀树草原拥有许多哺乳动物物种。热带稀树草原哺乳动物迁移和退出大草原到干燥的森林，25种不同的哺乳动物出现在这些非洲森林（见表5.3）。

食虫穿山甲、土豚、马岛猬和鼩出现在非洲的季雨林和灌木丛林地带。它们的捕食对象均已特化，主要吃白蚁和蚂蚁。穿山甲将在干旱季节改变食物的偏好，尽情享受白蚁而不是蚂蚁，因为它们有高度的水分含量。穿山甲通常很小，是单独在夜间活动的哺乳动物。马岛猬是一个多元化家庭的哺乳动物，它们已经进化成马达加斯加及热带雨林里的特有动物。它们的形态和尺寸高度可以变化，在尺寸上可以从小老鼠变成猫一样大小。大多数的马岛猬的特征是口鼻部突出，眼睛很小。马岛猬在非洲大陆分布有限，但是有一个大的、不同的群组生活在马达加斯加岛。土豚是它们序列中唯一的成员，而且是非洲特有的。它们看起来有点像长着大耳朵的长嘴猪。它们可以承担88～200磅（约40～90千克）的重量，是极好的挖掘机。马岛猬充分利用在季雨林发现的丰富的蚂蚁和白蚁，并在晚上猎取。

蝙蝠大多数生活在非洲的季雨林。它们数量丰富，现存大部分蝙蝠

表5.3　非洲大陆和马达加斯加季雨林中的哺乳动物

目	科	通用名
非洲猬目	无尾猬科	树鼩和獭鼩
偶蹄目	牛科 西貒科	羚羊 猪
食肉目	犬科 猫科 獴科 鬣狗科 鼬科 灵猫科	豺狼 美洲豹,狮子,山猫,狞猫 猫鼬 土狼 蜜獾 麝猫
翼手目	鞘尾蝠科 蹄蝠科 巨耳蝠科 犬吻蝠科 吸足蝠科 夜凹脸蝠科 狐蝠科 菊头蝠科 鼠尾蝠科 蝙蝠科	银线蝠鼠,鞘尾蝠鼠 叶鼻蝠 假吸血蝠 犬吻蝠 东半球吸足蝠 夜凹脸蝠 东半球果蝠 菊头蝠 鼠尾蝠 食虫蝙蝠
蹄兔目	蹄兔科	蹄兔
象鼩目	象鼩科	象鼩
鳞甲目	穿山甲科	穿山甲
灵长目	獠猴科 鼠狐猴科 指猴科 婴猴科 人科 大狐猴科 狐猴科 鼬狐猴科 懒猴科	东半球猴 鼠狐猴 指猴 婴猴 大猩猩 马达加斯加大狐猴 美狐猴 嬉猴 树熊猴

续　表

目	科	通用名
长鼻目	象科	象
啮齿目	鳞尾松鼠科 睡鼠科 豪猪科 鼠科 马岛鼠科 松鼠科	飞鼠 睡鼠 东半球豪猪 东半球鼠属 非洲和马尔加什鼠 松鼠
食虫目	鼩鼱科	鼩鼱
管齿目	土豚科	非洲食蚁兽

意想不到的英雄

　　冈比亚袋鼠是世界上最大的鼠科啮齿目动物。夜间活动的啮齿目动物可以生长得跟浣熊一样大，它们经常猎取食物。冈比亚鼠有拯救生命的潜力。冈比亚鼠正在被训练去辨认炸药（通过气味）和发现非洲的陆地矿产。冈比亚鼠被条件制约着，要把三硝基甲苯的气味和食物联系起来，它们还被训练去寻找炸药。这些鼠非常适合寻找食物。它们适应炎热的非洲气候，而且嗅觉极为灵敏。冈比亚鼠比狗要小和轻（主要被应用于发现过程），这也大大降低了它们发现矿藏的机会。冈比亚鼠获得和训练起来都比它们的犬类同伴廉价得多。鼠一旦发现埋藏的矿藏，它就会挖出洞，然后矿藏将会被识别和破坏。

有大蝙蝠亚目和小蝙蝠亚目。大蝙蝠亚目，往往随季节性迁徙，喜食水果，在旱季开始的时候利用丰富的水果作为食物。小蝙蝠亚目是小蝙蝠，使用回声定位导航和猎物。大多数蝙蝠是夜行动物，白天休息。蝙蝠是重要的昆虫和水果的消费者，它也是种多种子的传播者，同时还能为许多植物授粉。一些蝙蝠物种最近已被确定为非洲的一些致命的疾病的传播载体。

啮齿动物是非洲一个非常大的群体。松鼠、沙鼠、龙虾小鼠、袋鼠和鼹鼠是季雨林的常住者。这些物种中的很多都是夜间活动的，除了松鼠和一些老鼠和蝙蝠。一些动物是幼苗、种子和昆虫的重要消费者，它们生长在森林。松鼠是森林里最丰富的栖啮齿动物，并在大小和颜色上变化。森林也有一些会飞的松鼠，在树之间滑行，吃水果、花、树皮，有时还会吃昆虫，还有有鳞尾的畸形矮小动物和有鳞尾的长耳的会飞的松鼠。跟冈比亚鼠一样，袋鼠和老鼠是非洲的土著动物，它们生活在季节性矮树林中。袋鼠可以携带大量食物，当食物稀缺的时候，它们储存和利用这些食物在干旱季节生存。

树岩狸是一种中型啮齿动物，它们有着小耳朵和短腿，但没有尾巴。它们生活在森林的树上。蹄兔则生活在更为干旱的灌木区域，在这里可以见到岩石露出地面（见图5.15）。

尽管季雨林中不如热带雨林中有那么繁多的物种，但灵长类动物在季雨林很中很多。在树上我们可以找到白腹长尾猴、长尾黑颚猴以及各种痣猴，同时也可以看到山魈和狒狒在树上或地上寻找食物。黑猩猩是生活在非洲季雨林的大猿类家族的唯一成员。黑猩猩主要吃水果，同时也会吃种子、坚果、花、树叶、骨髓、蜂蜜、昆虫、蛋以及包括猴子在内的脊椎动物。

在马达加斯加狐猴种类很多，无处不在。在适应性扩张中，狐猴占据了食物网中类似松鼠、老鼠、猴子以及一些鸟类。尽管很多种类的狐猴已经灭绝，在马达加斯加和西部干旱丛林中仍生活着8种狐猴，包括獴狐猴、金冠狐猴、佩里埃狐猴、米尔思爱德华戏谑狐猴，以及3种小嘴狐猴。

非洲季雨林、热带稀树草原和林地中生活着大量的陆栖动物。其中最大的动物是非洲象，它们在干燥的森林中寻找栖息地以及丰富的季节

图 5.15　在非洲旱地森林和无树平原中的岩石地面上发现的岩石蹄兔　(作者提供)

性水果（见图5.16）。非洲很多其他的大型食草动物也会出现在季雨林，它们有些是永久性定居者，有些则是从附近的雨林和热带稀树草原中迁徙而来的。这些动物有斑马、羚羊、马羚、貂羚、扭角林羚、伊兰羚羊、牛羚、斑背小羚羊、黑斑羚、水牛、巨林猪以及非洲灌丛野猪，在赞比西亚河流域的一些林地中可以发现一些黑犀牛，但在其他地方，它们已经灭绝了。

　　森林中的食肉动物包括土狼、猫鼬、麝猫、非洲野狗、小型野猫、美洲豹、猎豹和狮子。这些是森林中主要的捕食者。土狼在热带草原中更为常见，但是也有一些斑点和条纹土狼生活在树林或灌木林中。麝猫和猫鼬是中型食肉动物，它们主要生活在陆地上，吃昆虫和小型脊椎动物。马岛狸是这个家族中一个独特的物种，它只生活在马达加斯加。它的外观跟猫一样，是岛上最大的食肉动物，其主要栖息在干燥的森林。

它们常在地面和树林猎食，主要猎食鸟类、蛋、狐猴、啮齿动物和无脊椎动物。

非洲金猫在非洲季节雨林是罕见的动物。其他小动物，如山猫和野猫，数量却很多。豹子是孤立的，属于森林中夜间活动的大型猫科动物；猎豹和狮子在开阔旱地森林和林地追捕猎物。

鸟　类　各种鸟类物种生活在非洲的季雨林地区。有些是永久的定居者，而有些会在食物充足时从雨林或稀树草原地带迁移到干燥的森林地带。还有的从北部和南部迁移来，并在这些森林中度过冬天。最常见的鸟类是杜鹃、补锅鸟、绿鸭、啄木鸟、杜鹃伯劳、布什伯劳、班鹟、卷尾、梅花雀、犀鸟和特有的蕉鹃。几种鲜艳的太阳鸟类和织布鸟并存，在森林树上织布鸟的巢是下垂的。珍珠鸡、鸡鹑和鹧鸪漫游在森林地上。在季节性的森林中也能发现掠夺和清除性的鸟。筝鸟、苍鹰、隼

图5.16　非洲森林中的大象要比在其他森林中的体积庞大　（作者摄于肯尼亚国家公园）

鹰、蛇鹰、秃鹰和秃鹫等许多物种漫游在天空寻找干燥的森林和灌丛中的猎物。秘书鸟在更开阔的林地的生物群落中被发现。鸟类在非洲雨林发挥着重要作用；它们吃水果，同时传播种子，吃无脊椎动物、爬行动物、青蛙、啮齿动物、灵长类动物和其他鸟类。许多热带鸟类的种群依靠完整的森林，否则会迅速消失。

爬行动物和两栖动物 非洲热带温和的气候为冷血的爬行动物和两栖动物提供了一个理想的家。各种蜥蜴、龟、变色龙、蛇以及一些青蛙和蟾蜍在不同的季雨林被发现。研究还需要确定和理解非洲季雨林的爬行动物的生态状况，在森林中透彻地研究因学习资料的有限性往往很困难。

百种以上的不同种类的蛇在非洲的热带地区被发现。岩蟒，一种世界上最大的蛇，在季雨林中曾经是丰富的，但由于人类过度的捕食和栖息地的丧失，它们主要生存在保护区和热带稀树草原。许多危险的蛇栖息在非洲的季雨林，包括黄金毒蛇、犀牛毒蛇、布什毒蛇、鼷鼠毒蛇、鼓腹毒蛇、条扁头蝮蛇。森林眼镜蛇、黑色眼镜蛇、绿色和黑色树眼镜蛇驻留在季节性的森林。在非洲，树眼镜蛇被认为是最危险的蛇。其中，黑眼镜蛇是非洲最大的毒蛇。它的毒液非常厉害，能攻击神经系统，如果没有抗蛇毒血清，就会致命。据报道，黑眼镜蛇能用它们的毒液打败水牛一样大的动物。

蜥蜴可能是非洲季雨林中最常见的爬行动物。巨蜥蜴、长尾食虫蜥蜴、小蜥蜴和变色龙栖息在森林里。蜥蜴的主要食物是无脊椎动物，但是有些蜥蜴会吃幼小植物的软叶子。巨蜥是非洲最大的蜥蜴——尼罗巨蜥可以长到6.5英尺（约2米）长。被称为东半球鬣蜥的长尾食虫蜥蜴，在非洲和亚洲也是普遍存在的。它们有着较大的鳞、尖尖的身体和大脑袋。大多数雄性长尾食虫蜥蜴长着色彩鲜艳的头，在岩石裂开的地方可以找到它们。小蜥蜴生活在森林的地面上，是能快速移动的蜥蜴。变色龙的形状和大小都不同于其他蜥蜴。它们最广为人知的是能够融合到环境中。在不同的环境中，它们通过改变自身的颜色（从绿色变成褐色或黄色），融入周围的环境，和非洲季雨林一样，马达加斯加的干性森林也容纳了许多种类的变色龙。

非洲季雨林还拥有两栖动物，尤其是青蛙和蟾蜍。树蛙、火箭蛙、里德蛙和牛蛙都可在这里看到。这片森林中存在着许多种类的蟾蜍。蟾蜍颜色各异，许多可以融合于树叶或树木中，使它们很难被发现。真正的蟾蜍在非洲和南美洲得以成功发现，非洲被认为是这些蟾蜍的发源地，后来传到美洲，少量的青蛙和蟾蜍在有限的森林地区内较为普遍地分布着。

昆虫和其他无脊椎动物 昆虫、蜘蛛和甲壳类动物栖息在非洲季雨林里。甲虫则是一种多样化的有秩序的昆虫，它们有着特有的生存环境。大多数甲虫吃植物和其他各种正在腐烂的物质，而有些甲虫则是寄生的。在这片森林中，随着研究的增加和深入，新的甲虫物种继续被发现。蝴蝶和飞蛾是另一大发现，蝴蝶和飞蛾随着季节性的开花植物而活动。据估计，成千上万的物种正在这片森林中被发现，尽管目前没有确切的数字。一些蝴蝶采集花蜜，一些选择水果、粪便、死去的动物，甚至是动物的汗水作为营养源。在非洲森林最常见的蝴蝶种群是燕尾蝶、黑脉金斑蝶、棕色蝴蝶、天狗蝶、白蝴蝶、蓝蝴蝶和仙女蝶。这些种群没有哪一种是非洲所独有的。

季雨林中有很多白蚁。这种群居性昆虫对于维持生态系统起到关键性作用。热带非洲的白蚁是世界上最具多样性的动物，特别是以土壤为食物的白蚁。它们以枯萎植物为生的能力使它们成为森林里最重要的成员。白蚁每年吃掉大约三分之一凋落的树叶，它们会完全分解落叶或者使落叶更有利于分解。白蚁是一些森林特有哺乳动物的重要食物来源，比如穿山甲和土豚。一些白蚁会筑很大的土墩或者在树上精心筑巢，其余的都完全生活在地下，经常和巨鼠同居一室。像蚂蚁一样，白蚁也是很大的聚居群体，有从几百个到几百万个个体。有三大类白蚁生活在季雨林中：湿木栖息白蚁、干木栖息白蚁和所谓的高级白蚁（见第三章）。

蚂蚁、蜜蜂和黄蜂广泛分布在非洲季雨林中，它们很多都具有高度社会结构和居住群体。有的以花粉和花蜜为食，有的以猎取小动物为食。蚂蚁是肉食动物、分解者、种子传播者和新生命的保护管理者。它们可以生活在森林各层，吃各种不同的食物。军蚁等都生活在森林里。第三章非洲热带雨林的一些介绍，对这些种类的蚂蚁进行了详细的描述。其他一些蚂蚁和树木有重要的互惠关系，特别是金合欢树。蚂蚁保护树木不被食草动物侵害，树木也可以为蚂蚁提供食物和藏身之处（见图5.17）。像蚂蚱、蟋蟀、黏虫、蟑螂、螳螂、苍蝇和跳蚤之类的昆虫，都扮演者重要的角色，它们在森林中各自开辟出自己的领地。

热带雨林里有很多蛛形纲动物。穴居蝎、爬行蝎、扁平蝎、长尾蝎和鞭尾蝎都生活在季雨林里。蜘蛛大都是夜间捕食者。其他有很多无脊椎动物对于维护非洲热带季雨林也起着重要作用。千足虫是植物和动物的清道夫和分解者。肉食蜈蚣以节肢动物、蠕虫和小脊椎动物为食。

人类对非洲季雨林的影响

人类已经对非洲季雨林产生了极大的影响，并且导致整个大陆和马达加斯加都失去了大量的森林。人口增长，定居森林地区，为开发农业和获取木材而开采森林，是森林减少的最重要的原因。随着人口的增长，对森林的进一步入侵在植物和动物身上付出了代价，导致它们脆弱地退化和减少。非洲西部的大部分季雨林都已经被破坏了，只有小部分零星地散落在广阔的热带稀树草原中。森林覆盖土地面积的减少，导致气候的变化和森林边缘地带更进一步沙漠化。随着由武装冲突和部落战争所引起的大规模人类活动，数以千计的人移居到森林从而寻求安宁。通常出于需要，这些人们通过打猎或者开垦土地破坏了森林。草丛中的交易对于开发农业土地而不能够生产出蛋白质这一经济来源是一个巨大

图5.17　蚂蚁和金合欢植物有着一种特殊的关系。它们保护树木免受食草动物威胁，
同时树木也为蚂蚁提供了食物和栖息地　（作者提供）

威胁，对于在农村以及城市的人们来说，森林中的动物是肉食的主要来
源，通常是林业的经营商帮助人们将肉从森林中运出来。

　　佛得角群岛引进了一些外来物种，例如老鼠、山羊、牛和绿长尾猴，
已经毁坏了植物群和动物群。对牲畜的过度放牧已经导致了土壤的大面
积侵蚀，在早期记录中，马达加斯加的大部分旱地林已经被破坏，很少
的区域被留下，更多是以小碎片的形式存在。对这些旱地林最主要的威
胁是使定期脱落的森林变得空旷和分裂，扩大地方的人口对剩余的森林

土地施加了压力，土地变得更空旷，威胁着更多的狐猴，在安卡拉地方公园以及世界遗产组织已经对有旱地森林的区域进行了保护，然而其他的区域仍被开采。

非洲有很少的季雨林受到了保护或者作为保护区存留下来。幸运的是，赞比西河的大部分常青森林和林地由于缺少地表水及人类占据面积小仍未受干扰而存在。在赞比亚的西鲁瓦国家公园，虽然狩猎仍然威胁着野生动物的安全，但是一部分森林已经受到保护。坦桑尼亚、安哥拉、赞比亚、莫桑比克已经建立了自然保护区和国家公园，保护季雨林及部分居民。

保护非洲雨林正受到更多的关注，但季雨林的保护区受到忽视。国际环境组织以及一些国家，正在尽力保护非洲地区的剩余季雨林。

亚太地区的季雨林

热带季节性生物群落在亚太地区也被称为印度-马来西亚或是澳大利亚旱地森林和印亚季风森林。这些森林位于热带雨林的北部和南部，即印度、东南亚及太平洋岛屿。季雨林位于泰国、柬埔寨、越南、孟加拉国、老挝、缅甸及沿着印度的德干高原，直到斯里兰卡。季雨林也发现在印度尼西亚的许多岛屿上，包括印度尼西亚群岛华莱士分线的两侧（见图5.18）。新克里多尼亚和斐济的岛屿也存在这一季雨林。亚太平洋地区被分为两个部分：马来群岛的西部和东部。华莱士分线（见第三章）标志着两个地区的分界和在桑达和莎湖的边境。

亚太热带雨林的来源

非洲、欧洲、亚洲包括西马来群岛，由于长期的大陆之间的联系，有许多分类群的存在。这个地区的东南部被称为东马来群岛的区域，它

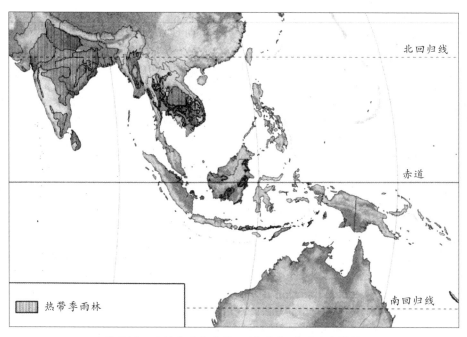

图 5.18 亚洲季雨林地图 (伯纳德·库恩尼克提供)

是几百万年前冈瓦纳大陆从澳大利亚脱离的反映。在澳大利亚及马来西亚东部分区的岛屿上，包括了一些与其他地域不同的植物群和动物群。当澳大利亚板块向北移动并和亚洲板块相撞时（大约3000万～2000万年前），亚洲的物种散布在这个地区并可能存活。这个分区成为来自两个区域物种的混合。在植物群和动物群中，一些与众不同的物种在亚区中保留了下来。

在婆罗洲和苏拉威西岛之间的华莱士线，以及巴厘岛和龙目岛更远的南部，被定义为巽他陆架，它是大陆板块在印度尼西亚下面的延伸。大陆架底部的深沟对于物种的传播是一个阻碍，并使这些物种（尤其是哺乳动物）具有独特性和分散性。在过去海平面的波动使大陆山脊暴露在外面，使物种能在岛屿间交换。

如今，植物和动物通过地域及人类有意或无意地得以交换。在一些地区，具有攻击性的动物占主要地位，威胁着其他的物种及栖息地。

气候环境

亚太季雨林的气候受到季风循环的影响，在夏季，潮湿的空气从海洋吹向大陆，在冬季，干燥的空气从陆地吹向海洋。亚洲东南部的大部分地区，包括大陆，都经历着夏季潮湿、冬季干燥的季风性气候。

北半球冬季期间，在西藏上空的一个高压中心逐渐使空气变得干冷，并向东北亚大陆和苏门答腊岛移动。在夏季，印度洋上空的高压中心趋向于温暖，东北方向的大部分地域被湿空气包围，这些地区包括缅甸、泰国、柬埔寨、老挝和越南。热带辐合带的季节性变化决定着季风的时间变化。

亚太地区季雨林的年降水量和雨林十分相似，只是它更加取决于太阳是否当空照射。平均气温为72°F~87°F（约22℃~31℃），最高气温出现在雨季之前。年度总降水量可达40~70英寸（约1000~1800毫米），最高降水量记录出现在迎风坡。在雨季中，连成一片的云朵挡住了本应到来的太阳辐射，导致了气温的降低。

季风环流的改变会引起长期的干旱。在炎热之时，干燥的天气能导致自然性火灾。很多季雨林无法抗拒这样的火灾，在高频的火灾中变成了草场。厄尔尼诺现象对这一区域产生重大影响。它会减弱季风并将其推及赤道。这就引起了长期的干燥，经常引起更大范围的火灾。

热带气旋（台风、飓风）影响着北纬20°与南纬20°之间的季雨林。这些范围包括孟加拉国的森林、菲律宾、美拉尼亚的大半部分和澳大利亚。气候的变化打扰了森林环境的稳定性。在那里，生长速度快，喜阳的入侵品种植物趋向于占据生长的主导地位。

土壤条件

亚太雨林的土壤和其他雨林土壤很相似。但是各地区覆盖的各种土壤有着不同的重要性。严重风化的、贫瘠的氧化土占据了亚洲和印度大陆季雨林土壤的大部分。这一地区，在古老的岛屿上大部分土壤为老成土。大多数有这种土壤的丛林区被用于农业生产，它们将会变得更肥沃，成为火山或冲积平原上排泄性最好的土。

植被状况

和雨林一样，这个植物区系被叫作马来群岛，它被分成不同的特殊分区。马来群岛西部包括印度、东南亚、菲律宾、马来西亚、日本群岛、文莱和印度尼西亚群岛。东马来西亚包括华莱士线东部地区：北苏拉威西、龙目岛、新几内亚岛、马来西亚的热带岛屿，以及澳大利亚东北部。

在这个区域季节森林通常被称作季风森林或边缘热带雨林。这个边界很大程度上取决于干燥季节的时间长短和严重程度，同样与土壤湿度的可利用性有关。在亚太地区，存在着几种季雨林。它们包括潮湿落叶林、干燥落叶林和混合落叶林。这个地区同样也生长着干燥常青森林和干燥荆棘，它们都被认为是热带季雨林生物群落的一部分。不同种类的森林的结构和占有优势的植物种类不同。

森林结构和种类　热带潮湿落叶林是在这个区域中被发现的最潮湿的季雨林。每年降水量平均在40~50英寸（约1000~1200毫米）或以上。其随着干燥季而不同。整个降雨量的80%发生在夏季，4~6个月的干季发生在冬季。

潮湿落叶林可能有闭合的或展开的树冠。高一点的树可达33~130英尺（约10~40米），这要比热带雨林中的潮湿落叶林更小一些（见图5.19）。在低地森林中，攀爬的藤蔓并不丰富。林叶下层中含有许多不同的掌状物以及小的树木。藤蔓等植物非常普遍，高度可达655~1300英尺（约200~400米）。在印度、泰国和缅甸，柚木和盐木在并不肥沃的土壤中占优势，而豆科植物则在肥沃的土壤中占优势。

混合落叶林大部分生长在泰国西北部和缅甸及印度，其结构是复杂的，正如它的名字一样，这里存在的物种丰富多样。这种热带季雨林类

图5.19　雨季森林的结构　（杰夫·迪克逊提供）

型的特点是具有很高的闭合树冠层，为80~100英尺（约25~30米）或者更高，相对开阔的由矮小树木形成的下层植被，竹子可达23英尺（约7米）高，在这个高度很少见到附生植物和藤本植物。森林地表生长着低矮的植物，在这个群落中占优势的树是柚木。其他重要的树包括花梨树、热带杏树和紫薇。树木的种类多种多样，由于森林砍伐，以柚木为主要树种的混合落叶林已经被严重干扰。

龙脑香林是最广泛的落叶型森林类型，覆盖了印度东北地区、缅甸、泰国、老挝、柬埔寨和越南，比其他森林类型更为广泛。这种龙脑香林的特征是年降雨量为40~60英寸（约1000~1500毫米）以及每年5~6个月的干燥季节。龙脑香林大多生长在多山或者多坡的地方，并且干燥带有浅土。大部分树在2~4月份是无叶的，在这一森林中每间隔1~3年就会发生火灾，通常发生在12~3月份。落叶型龙脑香林的结构范围有闭合的树冠一直到更开阔的林地。树冠通常是16~26英尺（约5~8米）高，有时候也可达到33~40英尺（约10~12米）。在泰国、老挝、柬埔寨、越南，这些落叶型森林包含6种全部落叶型龙脑香科树种类，其中主要的有黑红梅兰蒂木等四种类型，小型树木在这森林中来自豆科家族。这些树的叶子大而厚，苏铁和掌形植物在下层植被中很常见，这种森林更开阔，草是森林次冠层叶簇中的主要物种。

在印度，其他干燥落叶型森林生长于古代迪卡高原，它们由豆科家族中的两个成员组成，具有开放树冠的林地。其中最高层树冠为50～80英尺（约15～25米），森林次冠层叶簇为32～50英尺（约10～15米）。

干燥常绿森林是落叶型和常绿型森林的混合。常绿型树木有着坚韧如皮革的小叶子，森林树冠有82～98英尺（约25～30米）高，有着来自湿润森林龙脑香科树木的混合。底层的树冠高度为23～75英尺（约7～23米）高。藤本植物在这些森林的次冠层叶簇很丰富。斯里兰卡拥有一个对于亚洲大象非常重要的栖息地的常绿森林遗迹。

在亚太地区这些季雨林，除了棕榈树和龙脑香科树，攀爬物种相对贫乏。但是一些攀爬的物种，如夹竹桃、乳草、牵牛花、豆荚依然存在。刺藤掌形植物最为多样。

在马来西亚东部分区的季雨林，包含来自澳大利亚和亚洲的物种的混合，但季雨林分区也有一些物种的残留。这些森林包括潮湿落叶林、干燥落叶林、干旱半常绿和常绿森林，还有干刺森林。季雨林被发现在火山岛、龙目岛、松巴哇岛、弗洛雷斯、印尼群岛，它们也存在于太平洋的新喀里多尼亚岛。

龙脑香科植物是存在的，但是它们并不是占据着主导地位。在潮湿落叶林中，罗望子和野生杏是主要的树种。在东帝汶，缅甸花梨树是一种优势树种。在干燥落叶林中，塞隆橡树、东印度紫檀和属于乳香世家的树种是极其丰富的。还有许多兰花属系和大戟系的兰花。半常绿物种都是有价值的，非常适合做木材树种的桉树和檀香树，对于这个地区来说许多物种都是特有的，在热带地区的印尼群岛东部的华莱士线和澳大利亚、新几内亚，原始针叶林的南洋杉和罗汉松科是有限的。

在新喀里多尼亚岛的旱地森林里存在着大量的特有植物。这些岛屿曾经是冈瓦纳大陆块的一部分，并且在8500万年前就脱离了澳大利亚。它们在太平洋地区的分离创造了一个独特的环境。在这个岛屿西边的一带，包括栀子、海棠叶在内的咖啡系列植物、密集的刺槐林占据着主导地位。这里的森林中生长着茂密的葡萄树，树下有灌木和草。新喀里多尼亚岛的旱地森林是很容易被毁灭的，因为在这个岛屿上的大量植物在一个地方出现之后就不会再出现在那里。可能一场破坏性极强的大火就会彻底毁灭大量的物种。

在斐济群岛曾经有大量的潮湿森林，但是它们已经从2900平方英里（约7510平方千米）减少到不足38平方英里（约100平方千米）。这些残林包括芳香的檀木和几种属于罗汉松系列的针叶树，除此以外，还有苏铁和竹子。

亚太热带季雨林中的动物

多种野生动物组别是与亚太地区的季雨林有关系的。除了少数例外，在这些森林中的哺乳动物同那些在热带雨林的动物极其相似。鸟类物种丰富，但是和其他旱地林区域的物种一样，很少是特有的。爬行动物和两栖动物也同热带雨林中的那些动物相似，但是大量的物种是低等的，尤其对于那些永久需要水资源的动物更是如此。数以百计的无脊椎动物物种在这些森林中被发现，从体积小的蚂蚁和甲虫到体积大的吃蜘蛛的鸟和亚洲雨林蝎。

物种的组成通常依赖于干旱季节的持续和现存的特殊类型的森林。森林的退化和破坏的程度也影响物种的形成和森林个体的数量。大量保存完好的森林比破碎化森林更具多样性，并且人口更多。

哺乳动物 许多哺乳动物在雨林周围被发现，在干燥的季节一开始，它们以热带季节性雨林中丰富的花和水果为食物。一些哺乳动物迁移到落叶林，当干燥季节加剧的时候它们再返回雨林。在马来西亚东部和西部的许多哺乳动物已在第三章被讨论过。复杂的结构、各种不同的栖息地和多种多样的叶子、花、水果和种子养育了大量的哺乳动物家族（见表5.4）。

表5.4　亚太热带季雨林中的哺乳动物

目	科	通用名
有袋类(后哺乳下纲)		
袋鼬目	袋鼬科	袋鼩
有袋目	袋貂科	帚尾袋貂属
	袋鼠科	沙袋鼠
袋狸目	袋狸科	澳大利亚袋狸
有胎盘哺乳动物		
偶蹄目	西貒科	猪
	鹿科	麂,大鹿,豚鹿
	牛科	水牛,白臀野牛
食肉目	犬科	胡狼,野狗
	猫科	美洲豹,虎
	獴科	獴
	鼬科	水獭和貂
	灵猫科	麝猫和香猫
	熊科	懒熊,太阳熊
翼手目	凹脸蝠科	大黄蜂蝙蝠和凹脸蝠
	鞘尾蝠科	囊翼蝠
	蹄蝠科	叶鼻蝠
	巨耳蝠科	美洲假吸血蝠
	犬吻蝠科	无尾蝠
	裂颜蝠科	裂颜蝠
	狐蝠科	狐蝠
	菊头蝠科	菊头蝠
	鼠尾蝠科	鼠尾蝠
	蝙蝠科	食虫蝠
奇蹄目	貘科	貘
	犀科	犀牛
鳞甲目	鲮鲤科	穿山甲
灵长目	猕猴科	猕猴,长尾猴,叶猴,象鼻猴,丛猴
	婴猴科	
	长臂猿科	长臂猿,小猿猴
	懒猴科	懒猴
长鼻目	象科	大象
啮齿目	豪猪科	东半球豪猪
	鼠科	东半球鼠属
	竹鼠科	竹鼠
	松鼠科	松鼠
树鼩目	树鼩科	树鼩
食虫目	鼩鼱科	鼩鼱

专门吃昆虫的动物包括穿山甲、鼩和树鼩。陆生的穿山甲生活在马来西亚的西部区域。几种类型的亚洲鼩居住在这个区域的雨林和森林地带。鼩的体积一般来说都很小并且以无脊椎动物为食物。几种特有的物种在印度尼西亚岛被发现。树鼩并不是真正的鼩，而且它们大多数时间在森林地面上搜索粮秣。树鼩像地松鼠一样带有毛茸茸的尾巴和尖鼻子。它们在马来西亚西部被发现，但在马来西亚东部早已不存在了。

在亚太地区的季节性雨林中的蝙蝠多种多样。蝙蝠在大蝙蝠亚目和小蝙蝠亚目中都很丰富。小蝙蝠亚目占亚太地区的大多数蝙蝠，利用回声定位法来找到猎物，蝙蝠主要是以昆虫为食。在这个地区的大多数蝙蝠是空中食虫动物，它们飞的时候能捉住昆虫。东南亚的蝙蝠和在其他地区发现的蝙蝠相似。

亚太季节性雨林中的啮齿目动物包括松鼠、旧大陆豪猪、旧世界的小鼠、大鼠和竹大鼠。松鼠在马来西亚西部区域的雨林中特别丰富，大多数是树栖的，以水果、种子、树叶和昆虫为食。

旧大陆豪猪体积大，行动缓慢，依赖豪猪刺而不是速度或敏捷来防御的哺乳动物。它们在马来西亚西部生活。这些哺乳动物是陆生的并且是出色的挖掘者，它们居住在洞穴里，食用很多种植物和腐肉。

老鼠和田鼠在亚太雨林中的数量不是很多。大多数以陆生为主。田鼠倾向于吃水果、种子和草，而老鼠也吃昆虫、软体动物或者蟹。旧世界老鼠和田鼠都出现在这两个亚区域，几种特有的物种在东马来西亚岛上被发现。斯里兰卡是特有锡兰龙虾鼠和长尾攀鼠的产地。土王鼠是泰国的美洲豹最喜欢的猎物，在落叶龙脑香科树森林中非常丰富。竹鼠是居住在东南亚西部区域的啮齿目动物中的一个小分支。它们适合掘地，但也有时候到地面寻找饲料。竹鼠在竹雨林和农业用地中是最容易被发现的。

西马来亚亚区盛产灵长类动物，但东马来亚亚区却没有灵长类动物。灵长类动物永久地或者季节性地居住在这些热带季雨林中，种类包括懒猴、长臂猿、长尾叶猴、猕猴和叶猴。这里曾经也盛产猩猩，但由于它们的栖息地四分五裂，它们受到捕猎，以及这里的森林遭到砍伐等原因，现在它们已经不复存在。

亚洲象是西马来亚的森林中最大的哺乳动物。亚洲象比非洲象小，耳朵和象牙都较小。亚洲象往往在夜间行动，以森林中的水果为食，如野生香蕉、竹子和其他植被。它们白天在森林的深处休息。当季雨林中有水果可以食用时，亚洲象会从附近的雨林和热带稀树草原迁移到那里。斯里兰卡的旱林中拥有该地区最多的亚洲象。

在亚太地区的两个犀牛物种中，长有犄角的苏门答腊犀牛被认为仍然在季雨林中存在。随着栖息地的消失，犀牛的数量继续减少。

季雨林中的其他的有蹄类动物包括印度斑轴鹿、梅花鹿、印度黑羚和小型四角羚，还有水鹿、麂子、印度野牛（野牛）、野水牛、鬣羚、坡鹿，以及东南亚的

旱林之王

老虎是极其威风的大型猫科动物。它们在夜间单独捕猎，在寻找食物的同时，也捍卫着自己的广阔领土。老虎通过怒吼、咆哮、呼噜、咕哝、呻吟和嘶嘶等声音进行彼此的交流。每一种声音都可以反映出老虎的意图或情绪。在这一地区的季雨林中可以见到老虎的三个亚种：孟加拉虎、印支虎和苏门答腊虎。孟加拉虎生存在印度和孟加拉国。印度中部的老虎保护区是最大的最重要的孟加拉虎保护区之一。印支虎在柬埔寨、老挝、马来西亚、缅甸、泰国和越南可以见到。最小的老虎是苏门答腊虎，它们只在印尼苏门答腊岛上生存。人们认为巴厘虎和爪哇虎已经灭绝。老虎种群受到了砍伐森林和栖息地消失以及非法偷猎和贸易的严重影响。很多老虎因其毛皮以及可以成为传统制药中的虎制品而被猎杀。

森林中的濒危林牛和爪哇野牛。在这两个森林地区及其附近的农业地区可以见到野猪和须野猪。

生活在落叶林里的食肉动物包括小型食肉动物，如獴狐猴、麝猫、豹猫、金猫、椰子猫、亚洲野犬（豺）和亚洲獾，还包括大型的猫、云豹、普通的豹子和老虎，以及马来熊和印度懒熊。喜马拉雅黑熊居住在缅甸的干森林中。在华莱士分界线以东，见不到这些食肉动物。只有少数的有袋类食肉动物生活在东马来亚的季雨林中，包括袋鼬和小袋鼬。

在印度、缅甸和马来西亚群岛的季雨林和灌丛林中可以见到亚洲野犬（豺）。它们往往成群捕猎野猪和鹿，偶尔还有猴子。在现存的亚洲野犬的10个亚种中，有4个被认为是受到威胁的或濒危的物种。在南亚以及非洲和欧洲东南部，亚洲獾或金獾分布更广泛。豺狼往往以小的家庭单位居住或捕猎，它们在整个分布区域数量众多。

在森林中最大的亚洲猫科动物是金钱豹和老虎。金钱豹是大型的夜行动物，它们白天在林中的树上休息。它们食用多种动物，从猴子、有蹄类动物到啮齿类动物、鸟类和兔子。在亚洲太平洋的西马来亚仍有老虎出现，尽管它们的数量正在减少。

在西马来亚可以见到马来熊和印度懒熊。马来熊生活在南亚、缅甸、马来西亚和苏门答腊的热带雨林中。它们在树上度过大部分时间，它们以蜥蜴、鸟类、水果、蚂蚁、白蚁和蜂蜜为食。印度懒熊生活在印度南部和斯里兰卡的森林里，主要吃白蚁和蜜蜂。由于失去栖息地和受到捕猎，印度懒熊的数量在大幅下降。在食物充足的时候，喜马拉雅或亚洲黑熊是缅甸、泰国和越南的干森林的访客。在冬季，它们会下山到食物丰富的热带雨林中。

马来亚东部的哺乳动物群是大洋洲物种和亚洲物种的混合物种。由于这个亚区的大部分干森林位于岛屿之上，所以很少有哺乳动物出现。一些当地特有的物种栖息在这些岛屿的干森林里，它们包括一些当地特有的老鼠、蝙蝠（包括狐蝠、长耳蝙蝠和马蹄蝙蝠）和在科莫多和帝汶岛的几种当地特有的鼩鼱。东马来亚季雨林中的有袋动物作为亚洲太平洋亚区的胎盘类哺乳动物补充着生态位。它们居住在树上和地上。它们既是食草动物，又是杂食动物和食肉动物。这个亚区与其他地区隔离有助于古老的有袋类动物进化。隔离和缺乏大型捕食者极有可能是它们今天还能存在的原因。

鸟　类　在亚太地区的季雨林中，鸟类数量丰富。这个地区的许多鸟科与非洲的鸟科一样，这极有可能是因为鸟类在断续的森林联结期间因分散而形成的。这两个地区共同拥有的鸟科包括犀鸟、夜莺和太阳鸟。犀鸟是大型鸟类，长有黑色、白色和黄色的羽毛以及巨大的喙。它们在开阔的季雨林中很常见。尽管有一些犀鸟，严格地讲是食肉鸟类，而其他的则是食果鸟类，但它们几乎什么都吃。

许多陆生鸟类在森林地面和灌木层中寻找食物，包括野鸡、鹧鸪、角雉、鹛、大眼斑雉、冠鸠和孔雀雉。在森林地面和较低的树冠层里，白鸽与家鸽数量丰富。在树上常见到鹩哥，还有色彩鲜艳的太阳鸟、啄花鸟、捕蛛鸟和蜜雀。像非洲的太阳鸟一样，亚洲的太阳鸟也是长着长长的弯曲的喙的小鸟。它们主要采食花蜜，有鲜黄色、红色、紫色和橄榄绿色。这些鸟类中的许多鸟是森林的季节性访客。当花不开和没有果实的时候，它们回到热带雨林中。

夜莺、欧洲莺、画眉、鸫、伯劳鸟和鹛是热带季雨林中的食虫鸟类，它们中不同种类的鸟混合在一起成群旅行。它们通常都是浅褐色的小型鸟类。不同种类的鸟在植物的不同部位（如树叶、嫩枝或树干）上寻找昆虫。森林中其他的鸟包括椋鸟、知更鸟、卷尾科鸟、啄木鸟和巨嘴鸟。森林中食肉的鸟包括鹗，在航道上见到的鱼鹰、老鹰、秃鹰、隼、鸢和小鹰。它们都是优秀的猎手，以各种各样的鱼、爬行动物、小型啮齿动物和其他小型哺乳动物为食。

在澳大利亚亚区，鸟类在外观和行为上已经发生了极大的变化。在印度尼西亚群岛东部可以见到许多当地特有的地鸠、家鸽、鹦鹉、吸蜜鹦鹉、蜜雀和裸眼鹂。在东马来亚亚区鹦鹉和吸蜜鹦鹉的数量比西马来亚业区多。

爬行动物和两栖动物 蛇、蜥蜴、鳄鱼、乌龟，还有大量的青蛙、蟾蜍和蚓螈栖息在季雨林中。它们是陆生、树栖、掘地或者水生的动物。在亚太地区可以见到100多种不同的热带蛇，其中不到10%是毒蛇。毒蛇包括眼镜蛇、响尾蛇和蝰蛇。在这个区域还可以见到眼镜王蛇。眼镜王蛇是最致命的，远远大于其他眼镜蛇。它的毒液是一种毒性极强的神经毒素，会影响到神经和呼吸系统。眼镜蛇是一种中型蛇，以啮齿动物、蜥蜴和青蛙为食。它的毒液会破坏猎物的神经系统，使猎物麻痹，经常会致使猎物死亡。在东马来亚，也可以见到几种其他的毒蛇，包括红腹黑蛇、剧毒的东部棕蛇和毒性稍小的棕树蛇。

森林里的一些毒蛇包括马来响尾蛇、百步蛇、驼峰鼻蝮蛇与掌蝰、南亚毒蛇、青竹蛇和寺坑毒蛇。

亚太地区的无毒蛇包括蟒蛇和树蛇。在该地区有大型网纹蟒、斑蟒和帝汶巨蟒，还有绿树蟒。澳大利亚也是毯蟒和水晶蟒的产地。树蛇体型较小而且漂亮，它们生活在树上，以鸟、鸟卵、小的树栖哺乳动物和爬行动物为食。它们行动敏捷，是攀爬专家。它们的颜色与树叶和树皮的颜色接近，这为它们提供了良好的伪装。

陆生蛇类包括游蛇、食鼠蛇、槽蛇、管蛇，还有掘地的盲蛇或蠕蛇。小头蛇、铁线蛇、小棕蛇、钝头蛇、白环蛇和茶斑蛇是亚太地区森林中常见的蛇类。

有多种多样的蜥蜴生长在这一地区，有记载的就有150多种。飞蜥科蜥蜴、巨蜥、壁虎和长尾蜥蜴出现在雨林的两个亚区。飞蜥科蜥蜴在整个地区很常见。它们相当于欧洲的鬣蜥科，居住在树上、地面上或者沿航道生存。森林中最大的蜥蜴是巨蜥。巨蜥是古老的蜥蜴品种，它们可以在非洲、整个南亚、印尼群岛和大洋洲见到。这些蜥蜴身体强壮，白天活动。蜥蜴之间的身材和体重相差很大，短尾巨蜥大约有8英寸（约200毫米）长，0.7盎司（约20克）重，而科莫多龙有10英尺（约3米）长，有120磅（约54千克）重。科莫多龙是世界上最大的蜥蜴。它们只生长在科莫多岛、弗洛勒斯岛和印度尼西亚群岛东部的小岛屿上。身材较小的巨蜥遍布整个地区。长尾蜥蜴是种类最多的蜥蜴，在亚太地区数量最多。它们是身体纤细、行动敏捷的食肉蜥蜴，以无脊椎动物和小型啮齿类动物为食。在亚洲西太平洋的干森林里生长着滑蜥、南蜥、棕蜥和纤细的长尾蜥蜴。壁虎是小型的食虫蜥蜴，在全世界有着温暖的气候区域里都可以见到。金壁虎、壁虎、印度洋-太平洋地区的壁虎、树壁虎和蛤蚧壁虎都栖息在这个地区。

蟾蜍、青蛙和蚓螈是亚太季雨林中生长的两栖动物。它们中的许多住在水里或者离水近的地方，而其他的生活在树上或者森林的地面上。在整个地区可以见到蟾蜍科动物，包括苏拉威西蟾蜍、亚洲蟾蜍、森林蟾蜍和四岭蟾蜍，还有蛙科动物，如田蛙、溪蛙、泽蛙、岩蛙、马来西亚蛙和犀牛蛙。小蛙和归巢蛙居住在森林中地面上被分解的叶子中，牛蛙、拟蝗蛙、黑斑蛙和窄口蛙在雨后会走出它们的洞穴。黄纹蚓螈是无腿的两栖动物，它们有着蠕虫般的外表，生活在季雨林中的林地之下。

昆虫和其他无脊椎动物　像其他地区一样，亚太地区的季雨林供养着众多的昆虫和其他无脊椎动物，它们在森林里起着重要的作用。昆虫是森林里最大的一类无脊椎动物。蝴蝶、飞蛾、蚂蚁、黄蜂、蜜蜂、白蚁和竹节虫目昆虫种类极多，它们为了生存和生长，形成并具备了独特的适应能力。

蝴蝶在一年中的某些时间段内数量相当多。这个地区的蝴蝶可以分为五个主要的蝴蝶科：鸟翼蝶与燕尾蝶、黑脉金斑蝶、灰蝶、眼蝶科蝶、眼蝶与斑蝶，还有土冥萤。世界上最大、最绚丽的蝴蝶中就有鸟翼蝶和燕尾蝶。

飞蛾数量超过蝴蝶，但人类对其缺乏足够的研究。大多数飞蛾在晚上最活跃。然而，凤蝶蛾在白天是最活跃的。鹰蛾、天蛾和天蛾的幼虫在季雨林中很常见。这些蛾子以它们的飞行能力而闻名，特别是它们在盘旋中能够迅速地从一侧飞到另一侧的能力。

亚太地区的森林中，螳螂、竹节虫和叶虫数目众多。它们与植物的枝和叶很相似。这些昆虫主要在夜间活动，在白天为了避免被发现而静止不动。螳螂利用伪装来避免被想要捕捉它们的动物发现。它们会埋伏下来，去伏击一个毫无防备的昆虫。竹节虫目昆虫和螳螂能够非常成功地使用伪装技巧。

整个亚太森林中白蚁数目极多，它们是季雨林的主要分解者。潮湿木头中的白蚁主要以倒下的树木为饲料。人们认为白蚁家族就源自这个地区。森林中的大多数白蚁属于高等白蚁科。正如前面在非洲区域所提到的，这些白蚁按照饮食方式和防守战术被分为四个亚科。食土白蚁和食木白蚁属于这个科。尽管有一些白蚁在树上筑巢，但大多数白蚁居住在森林地面上或地下的蚁巢里。除了在分解倒下的树木，使养分在森林中循环方面起重要的作用外，白蚁还是穿山甲、鼩鼱、马来熊和懒熊的主要食物来源。

蚂蚁是群居昆虫，大量生活在季雨林中。前面的章节对它们已经有了详尽的论述。在丛林中也有蜜蜂、马蜂和大黄蜂生存，但在这里它们的数量没有雨林中的多。在季雨林中生存的蜜蜂必须能够适应长时间的花开间隔，这就是此处的蜜蜂比热带雨林少的原因。群居的蜜蜂在对东南亚的许多龙脑香科树木的授粉方面起着重要的作用。

在季雨林中常常可以见到蜘蛛、蝎子、蜈蚣、千足虫和其他无脊椎动物。蜘蛛是最优秀的织网者，有活板门蛛和那些坐下来等待伏击一个毫无戒备之心的受害者的蜘蛛。非常大的蜘蛛，如食鸟蜘蛛，在洞里或者裂缝中等待，准备伏击大的昆虫。蝎子是活跃的猎手，它们在夜间攻击大的昆虫，白天则待在石头下、树皮下或腐烂的木头里。鞭尾蝎是森林中另一种无脊椎动物的捕食者，它们以蠕虫、蛞蝓和其他节肢动物为食。蜈蚣和千足虫都是常见的森林生物。蜈蚣是夜间食肉动物，以其他无脊椎动物为食。千足虫通常在白天活动，它们以柔软的正在分解的植物为食。

　　亚太季雨林中的动物种类繁多，数目也多。为了在这个食物的丰富程度随季节变化的地区生存，它们已经学会了适应的技能。整个地区都盛产鸟类，它们像哺乳动物一样，已经成为获取食物的专家或学会了允许它们栖息在森林中特定的生态位的行为对策。居住在这些森林中的许多哺乳动物和鸟类进行季节性迁移的情况很常见。在森林中大部分的动物是无脊椎动物，它们中的一些已经形成模仿植被的独特的外表，另一些游走于大的社交群中，共同努力寻找食物并捍卫它们自己的家园。

　　亚太季雨林生物群落中的动物和植物在自然环境中彼此关系密切。降雨量或温度的变化可以极大地影响它们的生存。改变、退化和分裂加剧了热带季雨林的下降趋势。人口的持续增长，大规模的农业扩张，不可持续的林业和对树木和动物的非法偷猎，是亚太地区热带季雨林减少的主要原因。

人类对亚太热带季雨林的影响

　　热带季雨林生物群落是所有生物群落中受到威胁最大的一个，亚太地区的森林正变得越来越脆弱。在这个地区的一些地方，多达90%的森林已被毁掉。在泰国和越南，超过65%的森林已被清理以用作耕地，发生着大规模的或小规模的、合法的或非法的伐木，并朝着长期的农业目标进行转变。在斯里兰卡，75%的常绿干森林因用于农地、安置点和进行小规模的伐木而遭到砍伐。

　　在东南亚，为种植棉花、大米等经济作物，开办柚木农场和果园而进行的森林砍伐，正威胁着现存的森林。其他地区的森林已经被清理出来，种植橡胶树、咖啡和茶树。其他的威胁还包括对宝贵的硬木树（如柚木）和其他植物资源的开发，也包括为了满足市场所需而发生在越南和中国的猞猁的狩猎。

在印度，对现存的季雨林的主要威胁来自采石场、煤矿、为农业用地而进行的大规模的伐木和水电工程。烧垦和当地社区对森林产品的依赖继续破坏着森林的生态完整性。非法木材交易使得对现存森林树木的非法砍伐加剧。在其他人口快速增长的地区，随之而来的城市化、工业化和农业开发，对现存的森林构成严重威胁。面积小的、受到保护的地区容易受到这些干扰，这就需要我们对这些小的保护区周围的退化地区进行恢复，以保持这些剩余森林的完整。

季雨林的干涸期长达半年，会极易发生火灾。频繁的火灾可以导致森林全部被毁掉，引起沙漠化，并使森林转换成耐火的、物种较少的灌木丛林地或干燥的草原。

亚太区域的热带季雨林有助于全球生物的多样性。这些雨林对于许多动物的生存是至关重要的。人们对季雨林的研究还远远不够。它们的快速毁灭，对当地气候变化和全球物种灭绝产生了重要影响，同时引出了许多问题。